KB010073

민경우 수학 교육연구소

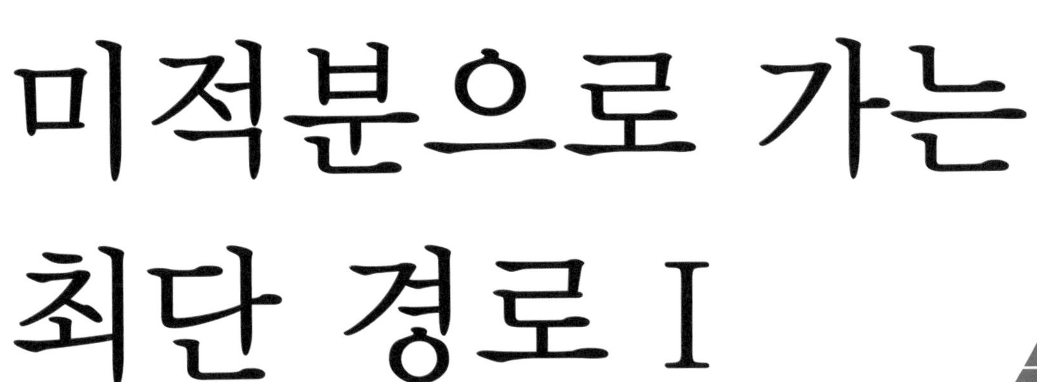

미적분으로 가는 최단 경로 I

민경우 지음

민경우

민경우 수학교육연구소 소장.
30년간 사회운동을 하다 2012년부터 수학 강사로 활동.
서울에서 교육적으로 소외된 금천구에서 나눔학원 개원, 철저한 1:1 맞춤형,
수포자에 대한 섬세한 접근 등으로 언론의 주목을 받음, 이때의 경험을 살려 『수포자 탈출 실전 보고서(한솔)』를 씀.
인공지능 시대를 맞아 수학교육의 현대화가 필요하다고 판단하고 다양한 교육적 실험을 했다. 『why 산업수학』,
『인공지능과 수, 암호와 소수(예림당)』 등을 집필, 인공지능 시대의 수학교육의 방향을 기술한 『수학공부의 재구성(바다)』 집필
현재는 분당구에서 민경우 수학교육연구소 운영 중, 다음과 같은 계획을 갖고 있다.

첫째. 교재 발간

교과를 효율적으로 재편, 재구성한 교재 발간, 『미적분으로 가는 최단경로』 시리즈로 출간 계획, 수학과 철학,
수학과 과학 등을 결합한 융합 수학, 『수학 에세이』로 발간할 예정이다.

둘째. 영상 시대를 맞는 새로운 교육적 대안

3년 이상 1:1 대면영상 수업 진행, 이를 사업화할 예정이다. 이와 별도로 인공지능과 결합한 신개념의 수업 준비 중이다.

메일 minlab21@naver.com,
블로그 http://blog/naver.com/minlab21

미적분으로 가는 최단 경로 I

초판 1쇄 인쇄 2020년 2월 27일
초판 1쇄 발행 2020년 3월 6일

지 은 이 민경우
디 자 인 박애리
펴 낸 이 백승대
펴 낸 곳 매직하우스

출판등록 2007년 9월 27일 제313-2007-000193
주　　소 서울시 마포구 모래내로7길 38 서원빌딩 605호(성산동)
전　　화 02) 323-8921
팩　　스 02) 323-8920
이 메 일 magicsina@naver.com
I S B N 978-89-93342-96-9

*책값은 표지 뒤쪽에 있습니다.
*파본은 본사와 구입하신 서점에서 교환해드립니다.

민경우 수학 교육연구소

미적분으로 가는 최단 경로 I

민경우 지음

1

먼저 이 책의 제목을 '미적분을 위한 최단경로'로 붙인 이유에 대해 설명해 보겠다.

고등수학은 초월함수의 미적분을 중심으로 구성되어 있다. 구체적으로 $y=xe^x$를 미분하여 그래프를 그릴 줄 아는가? $y=sinx$를 적분할 줄 아는가와 같은 것들이 고등수학의 메인이다. 반면 초등 고학년 이후 학교 교과는 너무 오랜 시간 지엽적인 곳에서 시간을 보낸다. 덕분에 위에서 필자가 제시한 내용들은 교과 편제상 고등 2학년 2학기~3학년 1학기가 되어서야 접할 수 있다. 그러나 수능의 등급을 좌우하는 킬러 문제는 여기서 나온다. 이 간극에서 너무 많은 일들이 벌어진다. 수능에 대비하는 것이 목표라면 되든 안되든 초월함수의 미적분을 정점에 두고 공부를 설계해야 한다.

현재 초중고등 수학교과는 필자가 학교를 다니던 40년 전에 비해 거의(전혀) 달라지지 않았다. 행렬이나 복소수 등이 빠졌기 때문에 전체적인 분량은 조금 줄었다. (반면 과학교과는 객관적으로 분량이 매우 많이 늘어났다) 수학교과가 어려워진 것은 객관적으로 분량이 늘었기 때문이 아니라 교과가 그대로인 상태에서 변별을 위해 인위적으로 고안된 문제들이 늘어났기 때문이다. 따라서 변별을 위해 고안된 문제 대부분은 공부할 필요가 없는 내용이다.

인위적으로 부풀려진 곳에서 시간을 지체하면 전체적인 시야와 안목을 잃는다. 중요한 것은 타켓을 명확히 하여 불필요한 것을 공부하지 않는 것이다. 반복하자면 중요한 것은 열심히 공부하는 것이 아니라 쓸데없는 것을 공부하지 않는 것이다. 특히 중학교 때는 다소 부족하더라도 진도를 나가는 것이 중요하다. 심화를 강조하는 풍토는 수능까지를 염두에 둔다면 매우 안이한 전략이다.

결론적으로 본 교재는 초월함수의 미적분 정도를 목표로 하고 그 길에 이르는 핵심적인 부분만을 언급했다. 수학교과가 70~80년대에 비해 거의 그대로인 반면 학생들의 수준은 비약적으로 발전했다. 초등학생 정도면 지수루트로그를 편안히 받아들인다. 따라서 본 교재에서는 학생들의 실력 향상까지를 반영하여 가능한 교과를 통합.생략하는데 방점을 찍었다.

2

본 교재는 3~4권 정도로 집필될 예정이다. 일단 1권은 초4~중2 정도를 목표로 한다. 초등 고학년의 경우 분수와 소수, 약수와 배수 같은 데서 시간 보내지 말고 바로 정수(음수)의 연산(본 교재의 1장)을 다루고 이에 기초하여 문자연산과 지수루트로그(본 교재 2장)으로 점핑하기 바란다. 중학생이라면 2차 방정식이나 2차 함수에서 진을 빼지 말고 이를 최대한 간명하게 끝내고 하루 빨리 미적분을 다뤄야 한다는 것이 1권의 목표 중 하나이다.

2차 방정식의 관점에서 보면 구구단은 그냥 훈련의 문제이다. 누구도 구구단을 외우는데 특별한 의미를 부여하지 않는다. (물론 구구단을 수학과 문명의 관점에서 본다면 전혀 다른 차원의 이야기가 가능하다) 미적분의 관점에서 보면 2차방정식이나 2차함수는 구구단에 해당한다. 따라서 2차 방정식이나 2차함수는 구구단을 외우듯 그냥 쿨하게 외우고 넘어가면 된다. 1권 1장 정수의 연산 2장 지수루트로그, 3장 2차 방정식 4장 함수는 구구단을 외우는 느낌으로 공부하면 된다.

4장~5장은 다항항수의 미적분이다. 문과에서 다루는 미적분에 해당된다. 수학은 대상을 추상적, 일반적으로 다룬다. 덕분에 수학적인 차원에서 일반적으로 정리된 교재를 혼자 공부하는 것은 매우 어렵다. 따라서 4~5장에서는 미적분을 최대한 물리 특히 운동과 결부지어 설명하고자 했다. 1~3장은 빨리 진도를 나가는 것을 권한다면 4~5장에서는 본 교재를 넘어 다양한 교양 서적과 영상과 함께 미적분의 의미와 역사에 대해 음미해 보기 바란다.

6~7장은 초월함수의 미적분(이과 학생들이 배우는 내용이라고 보면 된다) 중 도입부에 속한다. 초등4~중2 정도를 목표로 하는 만큼 기본적인 것만 다뤘다. 조금 어렵더라도 예방 주소를 맞는다는 마음으로 가볍게 받아들이면 된다. 지금 우리는 거대한 데이터의 시대(빅데이터)를 살고 있다. 우리는 주어진 모든 정보를 모두 다룰 수 없다. 중요한 것은 정보를 취사선택하는 능력이다. 중요한 정보는 정독하되 그렇지 않은 정보에서는 가볍게 운신해야 한다. 초4~중2의 관점에서 보면 6~7장은 잘 이해가 되지 않더라도 일독해 보기 바란다.

1권에 이어 2~4권을 기획하고 있다. 2~4권에서는 미적분에 대한 본격적인 소개, 고등수학에서 다루지 않는 물리 교과와의 연계 또는 대학 수학, 1권에서 그냥 넘어간 함수.방정식 등에 대한 디테일한 훈련 등을 포함한다.

3.

본 교재의 공부방법에 대해 제언해 보겠다. 먼저, 영상과의 결합이다. 본 교재는 전체적인 시야를 유지하는 차원에서 최대한 간략히 기술했다. 디테일하고 세밀한 설명은 지면보다는 영상이 효과적이라고 판단한다. 따라서 본 교재와 이후 제작할 영상을 함께 보면서 공부하기 바란다.

다음으로 연산에 대한 태도이다. 교과 수학이 분량이 고정된 조건에서 문제가 지엽화되는 방향으로 발전했기 계산의 비중이 매우 크다. 다시 말하면 일각에서 강조하는 것처럼 원리와 개념의 비중은 생각보다 크지 않다. 따라서 계산의 비중이 커진 조건에 맞게 그에 대한 효과적인 대응이 필요하다.

계산은 머리가 아니라 손으로 하는 것이라는 말이 있다. 연습할 때는 불필요하게 생각하지 말고 따라 풀기 바란다. 그런 이유로 답과 풀이 과정을 같은 지면에 실어 두었다. 사실 문제풀이는 영상을 보며 따라푸는 것이 효과적이다. 역시 별도의 공간(유투브 등)에 연습에 필요한 문제와 영상을 제공할 생각이다.

4

필자는 '수학공부의 재구성'(2019,1)에서 수학교과에 대한 생각을 밝힌 바 있다. 이 책은 수학공부의 재구성에서 밝힌 대안 참고서에 대한 시안적 성격의 교재이다. 당연히 부족한 부분이 많을 것으로 생각한다. 다양한 의견을 종합하여 보완해 나가도록 하겠다.

세상은 빠르게 변화하고 있다. 인공지능, 유전자재조합, 양자컴퓨팅, 드론 등이 그러하다. 싫든 좋든 시대의 변화에 맞춰 우리의 생각과 삶을 바꿔어야 한다. 수학도 예외가 아니다. 수학교과 그리고 수학을 공부하는 방법 또한 어떤 형태로든 변화가 불가피하다. 이 책 또한 시대에 발맞추고자 하는 다양한 시도의 하나로 기억되었으면 한다.

2020.1월 중순 민경우

목차

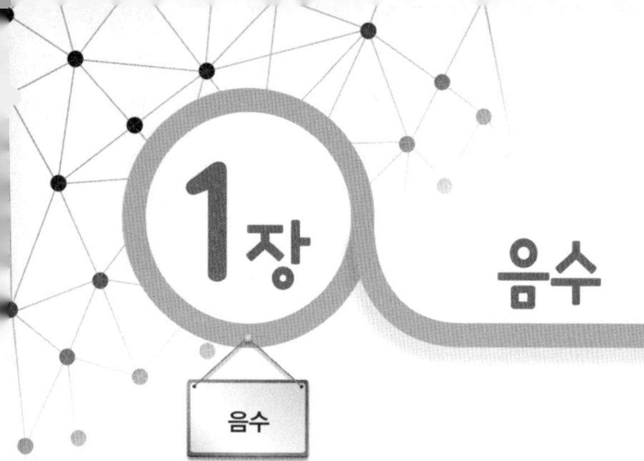

음수

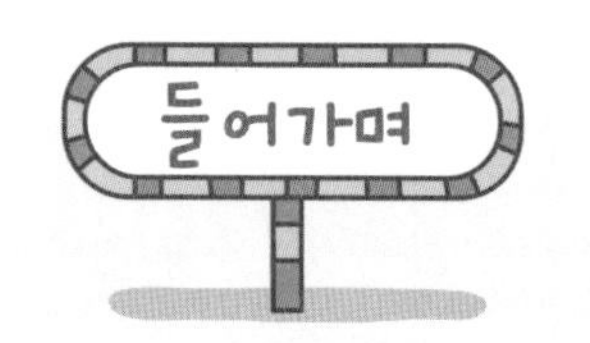

초등수학에서 고등수학으로 넘어가는 관문에 해당하는 내용이 음수이다. 방정식과 함수를 자유롭게 다루기 위해서는 음수를 능숙하게 사용해야 한다. 1장에서는 수 체계를 혁신하여 음수가 수학적 세계안으로 들어오는 과정을 소개한다. 교과과정에서는 중1 정도에 해당하지만 내용적으로는 고등학교 과정을 뛰어 넘는다.

우리는 음수를 생활속에서 편안하게 받아들인다. 지하 1층에 주차하고 온도가 영하 3도로 떨어졌음에도 영화를 보러 간다. 수학이 시대와 함께 발전해야 한다고 생각한다면 음수를 늦게 공부할 이유가 없다. 초4 정도면 충분하다. 초4~중2 정도에 산만하게 들어있는 대부분의 내용을 그냥 점핑하기 바란다.

01 방정식과 음수

보통 수라고 하면 자연수를 떠올린다. 가령 3은 돌멩이 3개나 사자 3마리 등과 관련되어 있다. 방정식과 함수가 발전하면서 0과 음수를 포괄해야할 필요가 생겼다.

방정식은 말을 문자로 바꾼 것이다. "그제 사과 몇 개인가를 가지고 있었다. 어제 사과 한 개를 먹었는데 지금 사과 5개가 있다면 그제 갖고 있었던 사과는 몇 개인가?" 와 같은 주장을 $x+1=5$로 간략히 적은 것이다.

방정식의 뿌리가 현실이었던 만큼 방정식 중에서 현실에 부합하는 것이 있고 그렇지 않은 것이 있다. 가령 $x+3=7$은 말이 되지만 $x+7=3$은 말이 되지 않는다. 무엇인가(x)에 7을 더했는데 결과가 7보다 작은 3이 될 수는 없다고 보았기 때문이다.

가위와 자만 있으면 우리는 색종이를 자유롭게 다룬다. 철공소에서는 철을 가지고 그렇게 한다. 수학 또한 방정식을 내용에 구애되지 않고 자유롭게 다루고 싶다. 다음과 같은 조작을 자유롭게 하고 싶은 것이다.

$x+3=7$

$x=7-3$

$x=4$이라면

$3=7-x$

$3-7=-x$

$-4=-x$

$4=x$

$x=4$

이를 위해서는 음수의 수용이 필수적이다.

02 연산의 정의

3−5=−2이다. 이렇게 정의한 이유는 자연수에서 적용되었던 여러 규칙들이 0과 음수에서도 동일하게 작동되게 하기 위함이다. 따라서 3−5의 답은 무엇인가는 그 자체가 아니라 전체적인 시스템의 일관성에서 결정되어야 한다.

$7-5=2$

$6-5=1$

$5-5=0$

$4-5=-1$

$3-5=-2$이다.

마찬가지로 $3\times(-1)$은

$3\times3=9$

$3\times2=6$

$3\times1=3$

$3\times0=0$

$3\times(-1)=-3$

ex1) -1-3은

4-3=1

3-3=0

2-3=-1

1-3=-2

0-3=-3

-1-3=-4

03 정수의 정의

이제 수를 정의해 보자. 3은 돌멩이 3과 같이 구체적인 사물을 통해 표현할 수 있다. 이런 식이라면 0이나 - 3을 정의할 수 없다. 음수와 0을 수로 포괄하기 위해 수직선을 도입한다. 적당한 곳에 원점을 잡고 좌우로 직선을 그린다. 여기서 3은 0에서 3만큼 떨어진 곳에 위치한 점이다. 수를 이런 식으로 드라이하게 정의하는 이유는 0과 음수를 정의하기 위함이다. −2라면 아래 그림에서 a)와 같다.

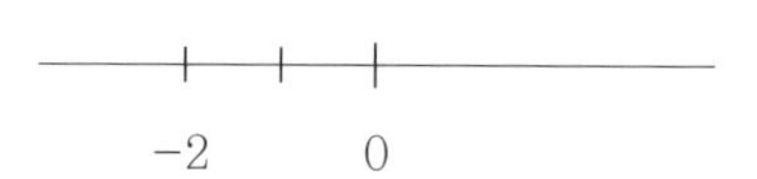

수직선을 직각으로 좌우로 세우면 $x-y$ 좌표계가 된다. 사실상 중고등 수학 대부분이 $x-y$ 좌표계에서 이뤄진다. 그럼 (3,1), (4,−1), (0,3), (−2,−4)인 곳을 찍어보자. 여기서 다시 한번 확인할 것은 0이나 음수, 양수 모두 동일한 수라는 점이다.

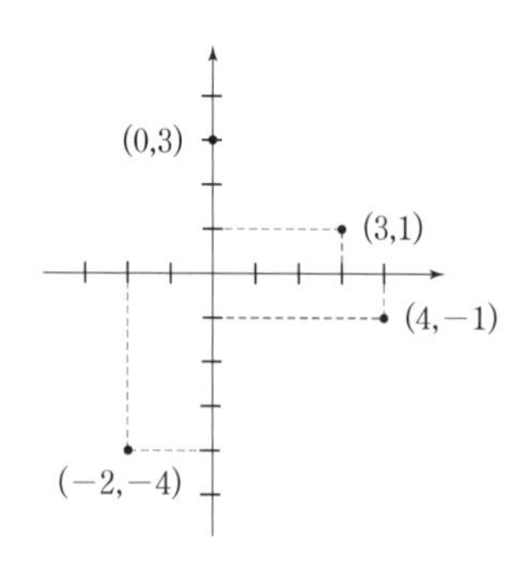

ex) $x-y$ 좌표계에 다음 점을 찍으시오. (2,1),(3, −1)

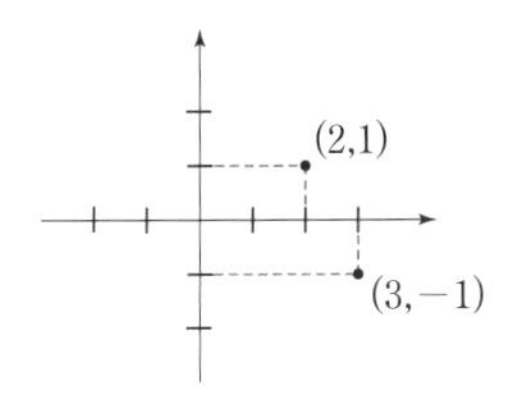

04 음수와 함수

나와 형 나이 차이가 1살이라고 하자. 우리는 양자 사이의 관계를 $y=x+1$이라고 추론하고 이를 그래프에 나타낼 수 있다. 그런데 x와 y를 자연현상과 결부하여 생각한다면 x와 y가 음수일 수 없다. 따라서 그래프는 아래 그림과 같다.

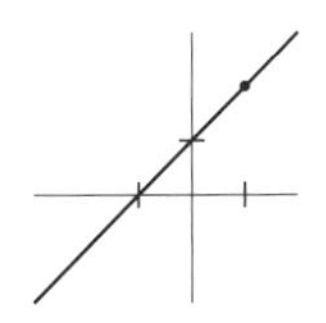

우리는 수학을 현실에 적용할 때에 그렇게 한다. 그러나 연구 단계에서는 최대한 자유롭게 수식과 그림을 확장한다. 즉 위 그림에서 점선을 자연스럽게 연결하고 싶은 것이다.

아래 점선이 자연스럽게 연결되려면 그래프는 (−1,0), (−2,−1), (−3,−2)...를 지나게 된다. 이제 우리는 역으로 생각할 수 있다. 그래프가 자연스럽게 연결되도록 연산을 정의하는 것이다. 즉 $y=x+1$이라는 직선에 (−1,0),(−2,−1)이 있어야 함으로 점의 좌표를 $y=x+1$에 대입하면 0=−1+1, −1=−2+1...이어야 한다. 앞에서 연산을 연산 그 자체가 아니라 연산 시스템의 일관성을 유지되기 위해 정의한다는 말과 상통한다.

연습문제 1

01 다음을 계산하시오.

① $-2)-(-3)$

② $3\times(-2)$

③ $x+4x$

④ $-x+3x$

⑤ $-x-4x$

① 1

② -6

③ $5x$

④ $2x$

⑤ $-5x$

02 다음 ( ) 점을 그래프위에 찍으시오.

① $(2,-1)$, $(-3,0)$, $(-3,-5)$

①

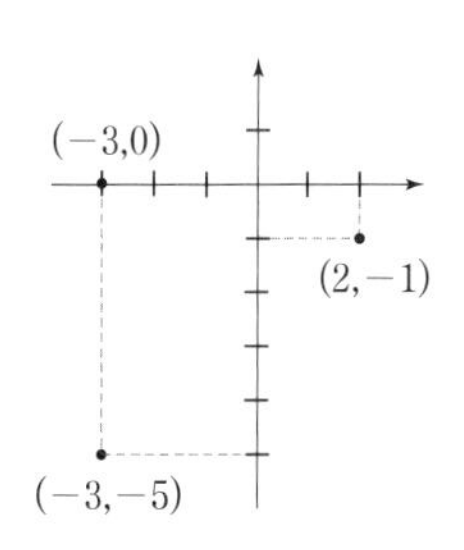

03 다음 함수의 그래프를 그리시오.

① $y=x+1$, $y=x+2$, $y=x-3$

①

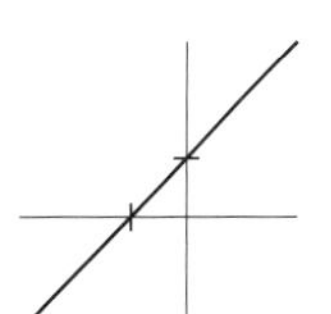

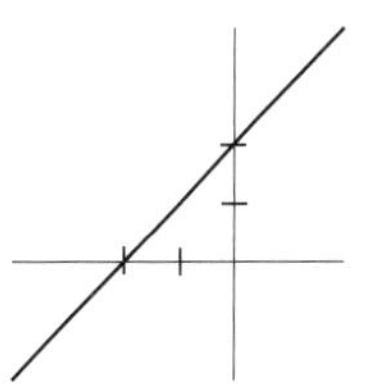

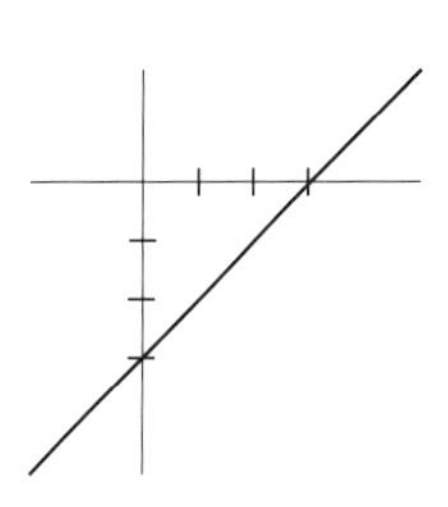

2장 지수 루트 로그

미적분

2장에서는 지수로그루트를 다룬다. 이들 모두는 본질적으로 지수이다. 수는 시대에 따라 발전하는 것이다. 시대가 발전한 만큼 곱셈이나 분수셈 같은 것에 과도한 의미를 부여할 필요가 없다.

필자의 경험에 따르면 분수보다 지수로그루트가 훨씬 쉽다. 초등 4학년 정도면 충분히 할 수 있다. 분수 계산이나 분수를 소수로 바꾸는 작업 등에서 쓸데없이 시간을 지체하지 말고 지수를 중심으로 세상을 보기 바란다. 그것이 현대적인 추세에도 맞다.

01 지수

수가 있었고 덧셈과 뺄셈과 같은 간단한 연산이 있었다. 셈의 역사에서 결정적인 도약은 곱하기일 것이다. 돌멩이가 5개씩 10줄로 늘어서 있다면 우리는 간단히 $5\times10=50$으로 계산한다. 그러나 곱하기의 시대는 끝났다.

거듭해서 더하는 것을 곱하기로 정의한 후 큰 수를 쉽게 계산했다면 곱하기도 그렇게 할 수 있다. 거듭해서 곱하는 것을 지수라고 정의하고 큰 수 또는 아주 작은 수를 다루는 것이다. 여기서 핵심은 큰 수보다는 아주 작은 수이다.

$2^3=8$, $2^2=4$, $2^1=2$이다. 여기서 2^0을 정의해 보자. 여기서 중요한 것은 2^0이 무엇을 의미하느냐가 아니라 무엇이라고 정의해야만 전체적인 시스템이 유지되는가이다.(잘 이해가 되지 않을 수 있지만 수학의 본질과 관련된 중요한 문장이므로 기억해 두기 바란다.)

$2^3=8$에서 3이 2로 하나 줄어들을 때 $\frac{1}{2}$이 줄어들었다. 따라서 $2^0=1$이라고 정의하는 것이 옳다. 계속해서 $2^{-1}=\frac{1}{2}$이다.

이렇게 하는 이유는 아주 작은 수를 표기하기 위함이다.

수소 원자의 지름은 $\frac{1}{10000000000}m$이다. 이런 식으로 쓰다가는 과학을 하기 어렵다. $\frac{1}{10^{10}}=10^{-10}$으로 간략히 쓴다.

예 1 3^{-2}, 2^{-3}, 5^{-1}

답 $\frac{1}{9}$, $\frac{1}{8}$, $\frac{1}{5}$이다.

예 2 $\frac{1}{16}=2^k$에서 k는? $\frac{1}{27}=3^k$에서 k는

답 -4, -3이다.

02 루트

수는 사람의 필요에 따라 만든 것이다. 피라미드에서 일한 사람들에게 빵 [그림1-1] $\frac{1}{3}$을 나눠 준다고 하자. 당시 자연수밖에 수가 없었다면 이를 표현하기 어렵다. [그림1-1]을 표현하기 위해서는 새로운 수를 만들어야 한다. $\frac{1}{3}$과 같은 분수(유리수)는 이렇게 만들어졌다.

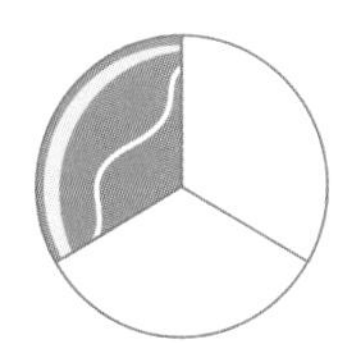
[그림 1-1]

화장실에서 가서 타일을 보면 좋을 듯하다. [그림1-2]을 살펴보면 a, b, c의 넓이는 각각 1, 1, 2이다. 즉 $a+b=c$이다. 모든 직각 삼각형에서 이런 관계가 성립한다. 이를 피타고라스의 정리라고 한다. 여기서 문제가 발생했다. 당시까지 알던 자연수나 유리수(분수) 중에서 제곱을 해서 2가 되는 수를 찾을 수 없는 것이다. 그래서 수를 새로 만들기로 했다.

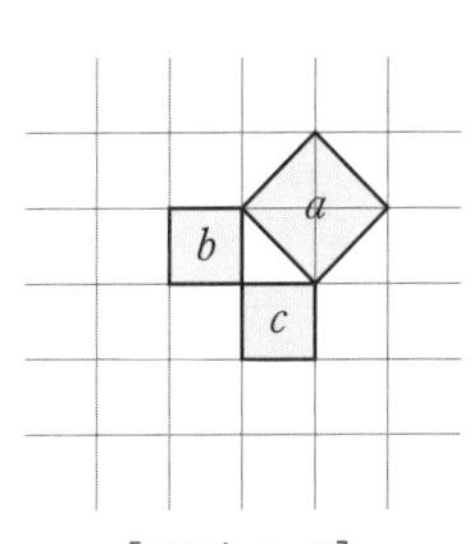

[그림 1-2]

$x^2=2$에서 이 식을 만족하는 x를 $\sqrt{2}$ (정확히는$\pm\sqrt{2}$이다)라고 쓰기로 했다. 약속이므로 받아들이면 된다. 약간의 연습을 해보자. $\sqrt{4}$는 제곱해서 4가 되는 수가 무엇인가라는 뜻이다. 2를 제곱하면 4이므로 답은 2이다.

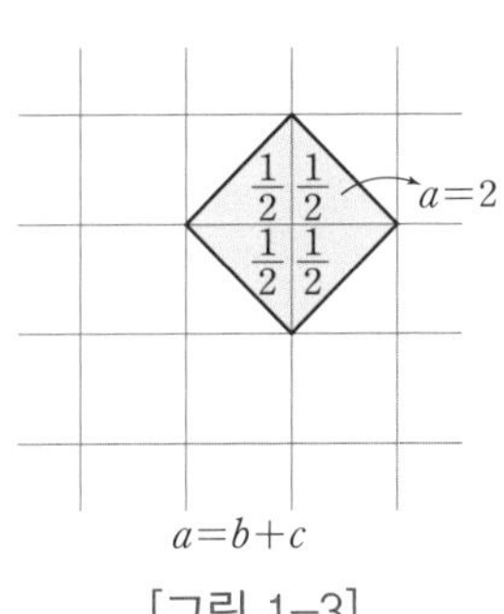

[그림 1-3]

예 3 $\sqrt{9}$, $\sqrt{16}$

답 3, 4

$x^2=8$을 만족하는 수는 $\sqrt{8}$이다. 이대로 두어도 안 될 것은 없지만 조금 더 간결하게 쓰기로 했다. 여기서 다음의 공식은 그대로 받아들이도록 하자.

즉 $\sqrt{ab}=\sqrt{a}\sqrt{b}$이다. 그럼 $\sqrt{8}=\sqrt{4\times2}=\sqrt{4}\times\sqrt{2}=2\times\sqrt{2}=2\sqrt{2}$이다.

예 4 $\sqrt{12}$, $\sqrt{18}$, $\sqrt{24}$, $\sqrt{48}$은

답 $2\sqrt{3}$, $3\sqrt{2}$, $2\sqrt{6}$, $4\sqrt{3}$이다.

사자 1마리+사자 2마리=사자 5마리이다. 같은 맥락에서 $\sqrt{2}+2\sqrt{2}=3\sqrt{2}$이다.

사자나 $\sqrt{2}$나 수학적인 맥락에서는 완전히 동일한 표현이다.

예 5 $2\sqrt{2}+3\sqrt{2}$, $3\sqrt{3}+2\sqrt{3}$

답 $5\sqrt{2}$, $5\sqrt{3}$

$(\sqrt{2})^2=\sqrt{2}\times\sqrt{2}=\sqrt{2\times2}=\sqrt{4}=2$이다.

이를 다음 공식으로 기억해 두면 좋을 듯하다. $(\sqrt{a})^2=a$이다.

예 6 $\sqrt{2}\times2\sqrt{2}$, $(\sqrt{3})^2$

답 4, 3

위 계산을 종합하면

$$\begin{aligned}(\sqrt{2}+1)^2&=(\sqrt{2}+1)\times(\sqrt{2}+1)\\&=\sqrt{2}\times\sqrt{2}+\sqrt{2}\times1+1\times\sqrt{2}+1\times1\\&=2+\sqrt{2}+\sqrt{2}+1=3+2\sqrt{2}\end{aligned}$$이다.

루트에서 기억해야 할 점은 루트는 숨겨진 유리수(분수) 지수라는 점이다. 이는 미적분에 요긴하기 쓰이기 때문에 지금부터 기억해 두기 바란다.

$x^2=2$에서 $x=\sqrt{2}$이다. 그런데 $2x=4$에서 양변을 2로 나눠 $x=\frac{4}{2}=2$했던 것과 비슷한 테크닉을 구사할 수 있다. 양변에 $\frac{1}{2}$제곱을 하면 $(x^2)^{\frac{1}{2}}=2^{\frac{1}{2}}$이다.

즉 $x=\sqrt{2}=2^{\frac{1}{2}}$이다.

예 7 $\sqrt{3}=3^k$에서 k는

답 $\frac{1}{2}$

03 로그

로그도 지수의 일종이다.

$2^1=2$, $2^2=4$라면 2~4 사이에 $2^x=3$을 만족하는 x가 있다. 이를 $\log_2 3$이라고 쓰기로 했다. $\log_2 8$은 $2^x=8$이 되는 수가 무엇인가 하는 점이다. 즉 $\log_2 8=3$이다.

특별히 기억할 점은 $\log_2 2$은 $2^1=2$이므로 답은 1이다. $\log_2 1$은 $2^0=2$이므로 답은 0이다. 일반적으로 $\log_a a=1$, $\log_a 1=0$이다.

예 8 $\log_2 4$, $\log_3 9$

답 2, 2

다음 과정을 통해 지수로그루트가 지수라는 관점에서 통일되어 있음을 확인하기 바란다.

$\log_2 8=\log_{2^1} 2^3=\frac{3}{1}\log_2 2=3$이다.

일반적으로 $\log_{a^n} b^m=\frac{m}{n}\log_a b$이다.

구체적으로 $\log_2 \sqrt{2}=\log_{2^1} 2^{\frac{1}{2}}=\frac{\frac{1}{2}}{1}\log_2 2$

예 8 $\log_2 \frac{1}{8}$, $\log_{\sqrt{2}} 4$

답 -3, $4(\log_{2^{\frac{1}{2}}} 2^2=\frac{2}{\frac{1}{2}}=4)$

연습문제 2

01 다음 문제를 풀어라.

① 3^{-2}

② 2^{-3}

③ 10^{-2}

④ $\frac{1}{16}$

⑤ $\frac{1}{25}$

⑥ $\frac{1}{3^2}$

① $3^{-2}=\frac{1}{3^2}=\frac{1}{9}$

② $2^{-3}=\frac{1}{8}$

③ $10^{-2}=\frac{1}{100}$

④ 2^{-4}

⑤ $\frac{1}{25}=5^{-2}$

⑥ 3^{-2}

02 다음 문제를 풀어라.

① $\sqrt{36}$

② $\sqrt{50}$

③ $\sqrt{28}$

④ $\sqrt{32}$

① $\sqrt{36} \rightarrow x^2=36$

$6^2=36$이므로

$\sqrt{36}=6$

② $\sqrt{50} \rightarrow \sqrt{25\times 2}=\sqrt{25}\times\sqrt{2}$

$=5\times\sqrt{2}=5\sqrt{2}$

③ $\sqrt{28} \rightarrow \sqrt{4\times 7}=2\sqrt{7}$

④ $\sqrt{32} \rightarrow \sqrt{16\times 2}=4\sqrt{2}$

⑤ $\sqrt{2}+2\sqrt{2}$

⑥ $5\sqrt{3}+3\sqrt{3}$

⑦ $\sqrt{8}+\sqrt{2}$

⑧ $\sqrt{2}\times 3\sqrt{2}$

⑤ $\sqrt{2}+2\sqrt{2}=3\sqrt{2}$

⑥ $5\sqrt{3}+3\sqrt{3}=8\sqrt{3}$

⑦ $\sqrt{8}+\sqrt{2}=2\sqrt{2}+\sqrt{2}=3\sqrt{2}$

⑧ $\sqrt{2}\times 3\sqrt{2}=6$

⑨ $(2\sqrt{2})^2$

⑩ $\sqrt{3}\times 3\sqrt{3}$

⑪ $(2+\sqrt{3})^2$

⑫ $(3+\sqrt{2})(3-\sqrt{2})$

⑨ $(2\sqrt{2})^2=2\sqrt{2}\times 2\sqrt{2}=8$

⑩ $\sqrt{3}\times 3\sqrt{3}=9$

⑪ $(2+\sqrt{3})^2=(2+\sqrt{3})(2+\sqrt{3})$

$=4+2\sqrt{3}+\sqrt{3}\times 2+\sqrt{3}\times\sqrt{3}$

$=4+2\sqrt{3}+2\sqrt{3}\times 2+3$

$=7+4\sqrt{3}$

⑫ $(3+\sqrt{2})(3-\sqrt{2})$

$=3\times 3-3\times\sqrt{2}+\sqrt{2}\times 3-\sqrt{2}\times\sqrt{2}$

$=9-3\sqrt{2}+3\sqrt{2}-2$

$=7$

03 다음 문제를 풀어라.

① $\log_2 4$

② $\log_3 9$

③ $\log_2 \frac{1}{4}$

④ $\log_{\frac{1}{2}} 4$

① 2

② 2

③ -2

④ -2

⑤ $\log_4 8$

⑥ $\log_{\frac{1}{2}} 2$

⑦ $\log_3 1$

⑧ $\log_5 5$

⑤ $\frac{3}{2}$

⑥ -1

⑦ 0

⑧ 1

3장 2차 방정식

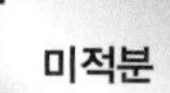

3장에서는 방정식을 다룬다. 방정식은 미적분의 관점에서 보면 구구단에 가깝다. 특히 2차 방정식이 그러하다. 즉 구구단처럼 빠르고 정확하게 계산할 수 있어야 한다. 따라서 반복해서 숙달할 것을 권한다.

근과 계수 사이의 관계, 지수 방정식. 로그 방정식 등이 있지만 속도를 중시하는 본 교재의 취지에 비춰 모두 생략했다.

01 2차 방정식 Ⅰ

$x+1=3$이 있다고 하자. 대충 넘겨짚으면 2이다. 이렇게 넘겨짚을 수 있는 것은 방정식이 쉽기 때문이다. 만약 $x^2+3x+2=0$과 같은 방정식이 있다면 그렇게 할 수 없다. 보다 체계적인 방법이 필요하다.

2차 방정식을 푸는 첫 번째 방법은 두 개의 일차방정식으로 인수분해하여 푸는 것이다.

$x^2+3x+2=0$가 있다고 하자. 여기서 곱해서 2, 더해서 3이 되는 순서쌍을 찾는다. $1\times2=2$, $1+2=3$이므로 위 방정식은 $(x+1)\times(x+2)=0$으로 인수분해 된다. 이제 2차 방정식은 $x+1=0$, $x+2=0$이라는 두 개의 1차 방정식으로 바뀌었다. 각각을 풀면 $x=-1, -2$이다.

인수분해는 요령이 필요하다. 그리고 많은 연습을 통해 구구단처럼 외워야 한다. 인수분해를 몇 가지 유형으로 나눠 정리해 보자.

1) $x^2+4x+3=0$

$(x+1)(x+3)=0$

$x+1=0$, $x+3=0$

$x=-1$, $x=-3$이다.

2) $x^2+2x+1=0$

$1\times1=2$, $1+1=2$ 이므로

$(x+1)(x+1)=0 \quad \cdots a)$

$(x+1)^2=0$

위 식을 완전제곱식이라고 하여 중학교 수학에서 가장 중요한 내용 중 하나이다. 수학 수준이 높아지면 수식이 매우 복잡해지기 때문에 가능한 간략히 처리해야 한다. 그래서 위 식에서 a)는 생략하고 쓴다.

답은 $x=-1$이다.

3) $x^2-1=0$은 $x^2+0\times x-1=0$에서 $0\times x$를 생략하고 쓴 것이다.

$1\times(-1)=-1$, $1+(-1)=0$이므로

답은 $(x+1)(x-1)=0$에서 $x=1$, -1이다.

이를 줄여서 ±1이라고 쓰고, 플러스마이너스 1, 줄여서 플마 1이라고 읽는다.

이를 합차 공식이라고 한다.

$x^2-1=0$

$x^2=1$

$x=\pm1$로 풀 수도 있다.

4) $x^2+2x=0$은 $x^2+2x+0=0$를 간략히 쓴 것이다.

$2\times0=0$, $2+0=2$이므로

$(x+0)\times(x+2)=0$

$x+0=0$, $x+2=0$

$x=0$, $x=-2$이다.

실제 과정에서는 $x^2+2x=0$, $x(x+2)=0$, $x=0$, -2로 간략히 푼다.

02 2차 방정식 Ⅱ

인수분해가 되지 않을 경우 다른 방법이 있다. 우리는 2차 방정식 중 $x^2=2$와 같이 완전제곱식의 형태를 띤 것은 풀 수 있다. $x=\pm 2$이다. 따라서 인수분해가 되지 않는 이차방정식은 $(x+a)^2=b$의 형태로 변형시켜 볼 수 있다.

이슬람권의 수학자 알콰리즈미(이 이름에서 알고리즘이 나왔다)가 실제로 했던 작업을 약간 변형하여 소개한다. $x^2+2x-1=0$를 푼다고 하자. 일단 $x^2+2x=1$로 변형한다. 좌변의 x^2+2x를 도형의 형태로 교묘히 바꾸면 아래 그림과 같다.

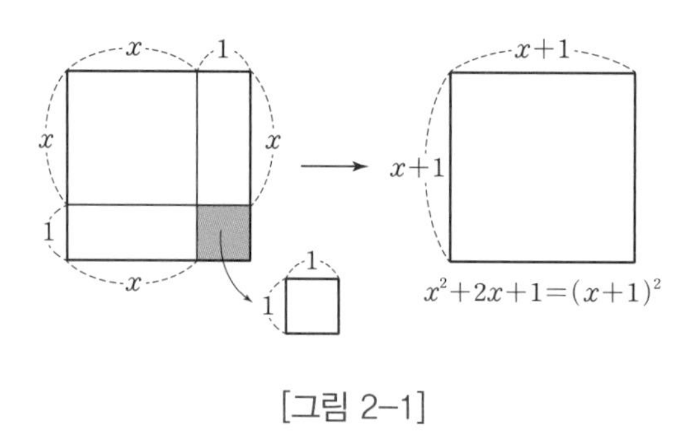

[그림 2-1]

여기서 a를 채울 수만 있다면 그림은 오른 쪽 그림과 같은 정사각형(식의 관점에서 보면 완전제곱식)이 된다.

즉 $x^2+2x+1=1+1$

$(x+1)^2=2$

$x+1=\pm\sqrt{2}$

$x=-1\pm\sqrt{2}$이다.

$x^2+2x=1$

$x^2+2x+1=1+1$에서 밑줄 친 1은 x의 계수 1의 반을 제곱한 형태임을 기억하기 바란다.

다소 복잡한 식을 다뤄 보자.

$x^2+3x-1=0$

$x^2+3x=1$

$x^2+3x+\frac{9}{4}=1+\frac{9}{4}$ (여기서 $\frac{9}{4}$는 3의 반의 제곱이다.)

$\left(x+\frac{3}{2}\right)^2=\frac{13}{4}$

$x+\frac{3}{2}=\pm\sqrt{\frac{13}{4}}$

$x+\frac{3}{2}=\pm\frac{\sqrt{13}}{2}$

$x=\frac{-3\pm\sqrt{13}}{2}$ 이다.

앞에서 말한 바와 같이 2차 방정식은 구구단에 지나지 않는다. 따라서 빨리 풀어야 한다. 따라서 실제 과정에서는 이를 공식으로 처리하여 푼다. 이를 근의 공식이라고 하는데 근의 공식은 다음과 같다.

$$x=\frac{-b\pm\sqrt{b^2-4ac}}{2a} \text{ 이다.}$$

그런데 x의 계수가 짝수인 경우는 마지막 장면에서 반드시 약분을 해야하는 장면이 발생한다. 따라서 근의 공식의 베타 버전을 만들었다. 이른바 짝수 공식이다.

$x^2+2x-1=0$을 근의 공식에 대입하면 $a=1$, $b=2$, $c=-1$에서

$x=\frac{-2\pm\sqrt{2^2-4\times(1)(-1)}}{2}=\frac{-2\pm\sqrt{8}}{2}=\frac{-2\pm2\sqrt{2}}{2}=1\pm\sqrt{2}$ 이다.

x의 계수가 짝수일 때 근의 공식에 대입하면 마지막 장면에서 반드시 약분해야 하는 상황이 발생한다.

따라서 짝수일 경우는 $x=\frac{-b'\pm\sqrt{b'^2-ac}}{a}$에 대입하여 푼다.

마지막 장면에서 약분하는 것을 미리 제거했다고 보면 된다.

전체를 종합하면 다음과 같다.

첫째. 인수분해가 되는가 그렇지 않은가를 확인하고 인수분해가 되면 인수분해로 푼다.

둘째. 인수분해가 되지 않으면 근의 공식에 대입한다. 이때 x의 계수가 홀수이면 근의 공식에 대입하여 푼다.

셋째 인수분해가 되지 않고 x의 계수가 짝수이면 근의 공식의 베타 버전인 짝수공식에 대입한다.

연습문제 3

01 다음 문제를 풀어라.

① $x^2+3x+2=0$

② $x^2-4x+3=0$

③ $x^2-4=0$

④ $x^2-3x=0$

⑤ $x^2-4x+4=0$

① → $x=-1,\ -2$

② → $x=1,\ 3$

③ → $x=\pm 2$

④ → $x=0,\ 3$

⑤ → $x=2$

⑥ $x^2+2x+1=0$

⑥ $\to x=-1$

⑦ $x^2+x-1=0$

⑦ $\to x=\dfrac{-1\pm\sqrt{5}}{2}$

⑧ $x^2+3x+1=0$

⑧ $\to x=\dfrac{-3\pm\sqrt{5}}{2}$

⑨ $x^2+2x-1=0$

⑨ $\to x=-1\pm\sqrt{2}$

⑩ $x^2+4x+2=0$

⑩ $\to x=-2\pm\sqrt{2}$

연습문제 3

⑪ $x^2-x-3=0$

⑫ $x^2-4x-1=0$

⑬ $x^2+2x-4=0$

⑭ $x^2-6x+8=0$

⑪ → $x=\frac{1\pm\sqrt{13}}{2}$

⑫ → $x=2\pm\sqrt{5}$

⑬ → $x=-1\pm\sqrt{5}$

⑭ → $x=2,\ 4$

⑮ $x^2-x-3=0$

⑯ $x^2-16=0$

⑰ $x^2-4x=0$

⑱ $x^2-4x=0$

⑮ → $x=\frac{1\pm\sqrt{13}}{2}$

⑯ → $x=\pm4$

⑰ → $x=0,\ 4$

⑱ → $x=\pm3$

함수

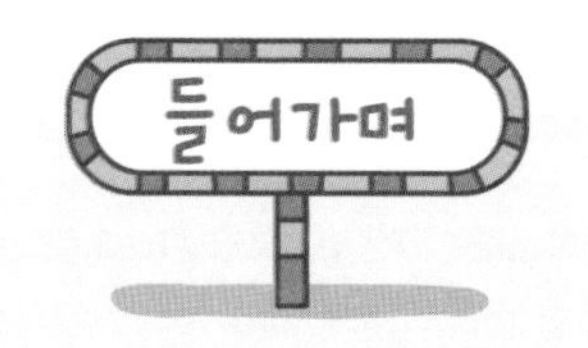

중고등 수학에서 가장 중요한 것이 함수와 미적분이다. 중요한 포인트를 지적하면 다음과 같다.

첫째. 방정식은 구구단처럼 쿨하게 숙련을 위주로 처리하고 다양한 함수를 미적분과 연결시켜야 한다. 현행 교과의 최대 문제점은 2차 함수에 과도한 비중을 둔다는 점, 교과 내용에서 2차 방정식과 이차함수의 디테일한 응용이 너무 많다는 점이다.

경험에 따르면 2차 방정식이나 2차 함수를 다루는데 그렇게 많은 시간이 걸리지 않는다. 따라서 다소 부족하더라도 2차 방정식이나 2차 함수 정도에서 너무 힘을 빼지 말고 바로 미적분을 공부하기 바란다.

2차 방정식이나 2차 함수 등에서 미흡한 부분이 있을 수 있다. 그러나 그것은 시간이 해결해줄 일이거나 연습량으로 커버할 문제로 특별한 의미를 부여할 이유가 없다. 중고등 수학 전체에서 미적분이 갖고 있는 비중(거의 절대적이다)을 고려하면 2차 방정식이나 2차 함수에서 시간을 허비하는 것은 대세를 잃는 것이다.

01 함수와 8개의 기본 함수

세상 만물은 관계를 맺으며 변화한다. 이를 다루는 수학 분야를 함수라고 한다. 함수 중 가장 중요한 것은 시간에 따라 위치가 변하는 것 즉 운동이다.

중2~고2에 걸쳐 다음의 8가지 함수를 다룬다.

$y=x$, $y=x^2$, $y=2^x$

$y=\log_2 x$, $y=|x|$,

$x^2+y^2=1$

$y=\sqrt{x}$, $y=\dfrac{1}{x}$이다.

8가지 함수의 개형은 다음과 같다.

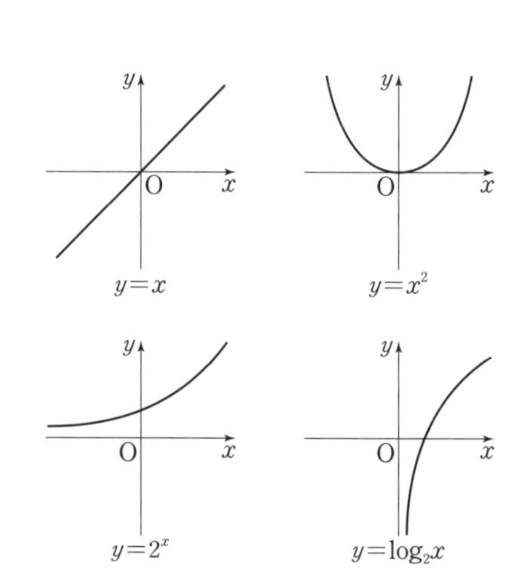

함수는 미적분을 위해 배운다고 보면 된다. 따라서 함수를 배우면서 미적분을 염두에 두고 배우는 것이 좋다. 위 8개의 함수를 배운 후 문과는 $y=x$, $y=x^2$을 가지고 미적분을 한다.

반면 이과는 나머지 6개와 그것을 발전시킨 함수(다항함수가 아닌 이런 함수를 초월함수라 한다. 크게 신경 쓰지말고 그냥 넘어가도 상관이 없다)를 다룬다.

본 교재는 이과 수학 즉 초월함수를 기본에 두고 진도를 나갈 것이다.

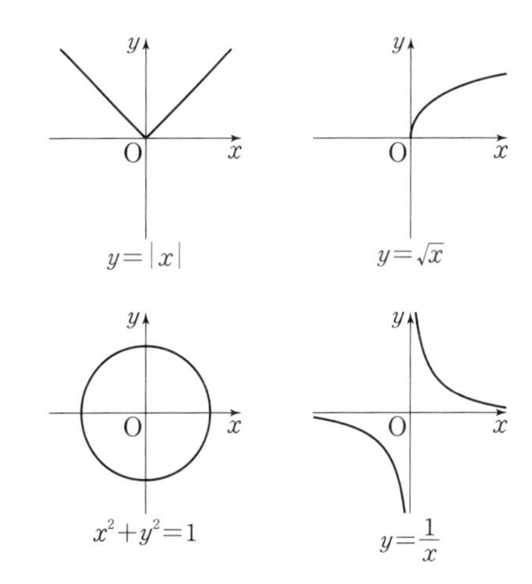

02 모양

먼저 주목할 것은 함수 중 $y=x$, $y=x^2$ 등은 원점을 중심으로 그림이 그려지는 반면 지수함수와 로그함수는 각각 $(0,1)$, $(1,0)$을 중심으로 그래프가 그려진다는 점이다.

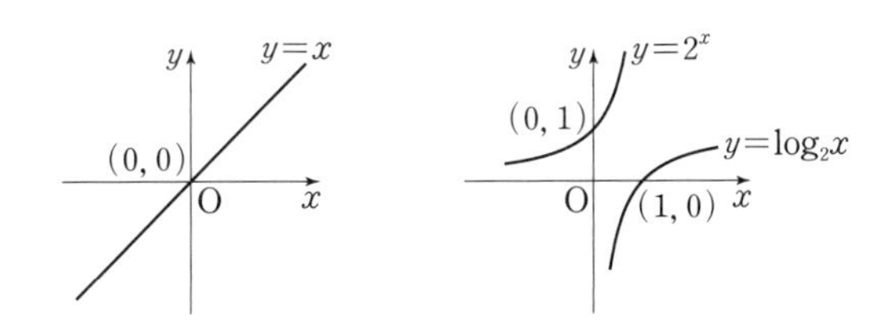

다음으로 $y=x^2$, $y=2x^2$을 비교하면 다음과 같다. x^2의 계수에 따라 모양이 변화한다. 다른 그래프도 모두 마찬가지이다.

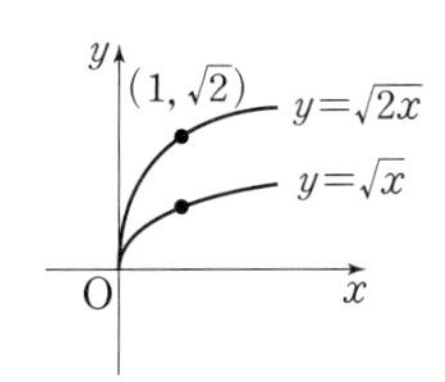

예 $y=\sqrt{x}$, $\sqrt{2x}$ 를 하나의 그래프 위에 그려보기 바란다.

03 대칭이동

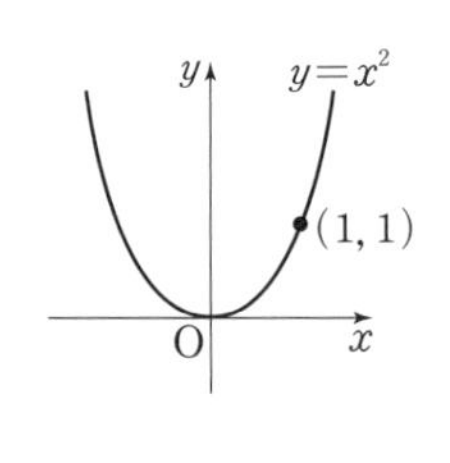

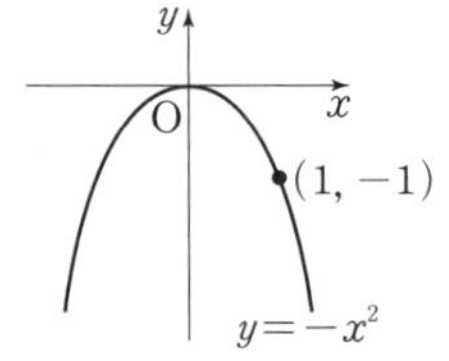

$y=x^2$, $-y=x^2$을 비교해 보자.(현실적으로는 $y=-x^2$으로 나오는데 이럴 경우 $-y=x^2$으로 변형하면 된다)

$y=x^2$위의 점 $(1,1)$은 $-y=x^2$일 경우 $-y$의 마이너스 때문에 $(1,-1)$이 된다. 모든 점이 그러하기 때문에 $y=x^2$과 $-y=x^2$은 x축 대칭이다.

같은 맥락에서 x 대신 $-x$가 들어있을 경우 y축 대칭이다. 구체적으로 $y=\sqrt{x}$, $y=\sqrt{-x}$는 y축 대칭이다.

예 $y=2^{-x}$와 $-y=2^x$를 하나의 그래프 위에 그려보기 바란다.

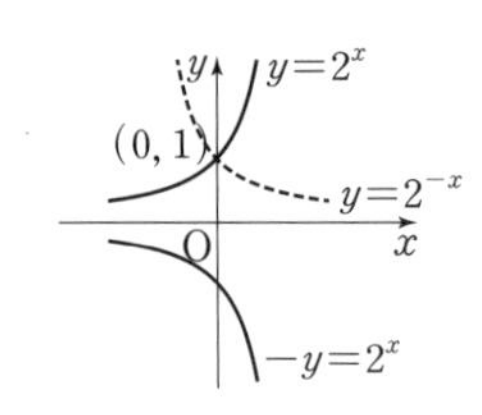

04 평행이동

$y=x^2$과 $y-1=x^2$을 비교해 보자. 포인트는 y 대신 $y-1$이 있을 경우 함수가 어떻게 변화하는가이다.

$y=x^2$ 위의 점 $(0,0)$을 생각하자. $y=x^2$ 위의 점 $(0,0)$은 $y-1=x^2$에서 $y-1$의 -1 때문에 1이 되어야만 등식이 성립한다.

즉 $(0,0)$은 $(0,1)$로 옮겨진다. 모든 점이 그러하다.

따라서 $y-1=x^2$의 그래프는 $y=x^2$의 그래프를 y축으로 1만큼 옮긴 것이다. 같은 맥락에서 $y=x^2$과 $y=(x-1)^2$을 비교하면 x 대신 $x-1$이 있으므로 x축으로 1만큼 이동하면 된다.

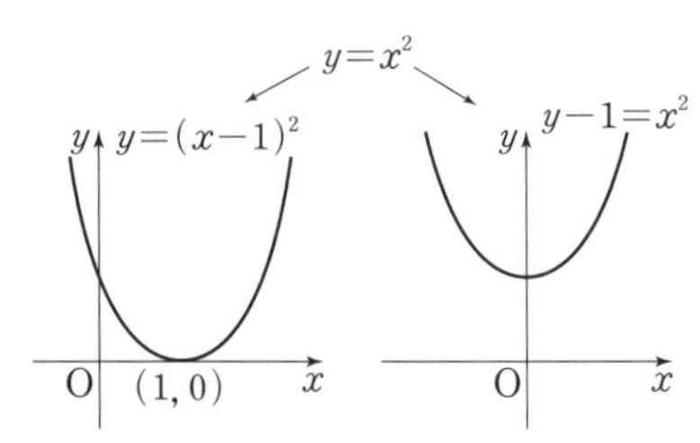

예 $x^2+y^2=1$, $(x-1)^2+y^2=1$, $x^2+(y+1)^2=1$를 하나의 그래프 위에 그려보기 바란다.

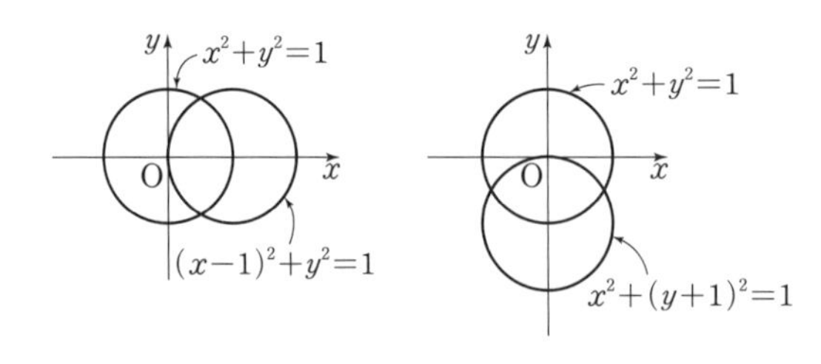

 05 응용

현실적으로는 2, 3, 4를 응용하여 그래프를 그릴 수 있다.

$y=-x^2+1$

$y-1=-x^2$

$-(y-1)=x^2$

으로 변형할 수 있다.

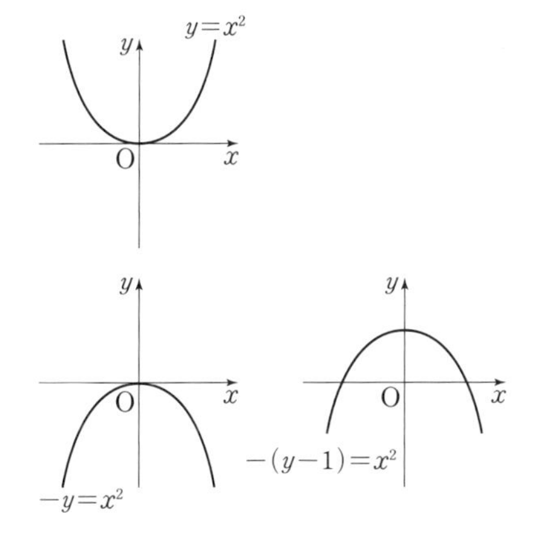

따라서 $y=x^2$의 그래프를 x축으로 대칭이동한 후 y축으로 1만큼 이동시키면 된다.

예 $y=-\sqrt{x}+1$, $y=\sqrt{-x+1}$ 를 그리시오.

답

$y=-\sqrt{x}+1$

$\rightarrow y-1=-\sqrt{x}$

$-(y-1)=\sqrt{x}$

$\rightarrow y=\sqrt{x}$

$-y=\sqrt{x}$

$-(y-1)=\sqrt{x}$

$y=\sqrt{-x+1}$

$\rightarrow y=\sqrt{-(x-1)}$

$\rightarrow y=\sqrt{x}$

$y=\sqrt{x}$

$y=\sqrt{-(x-1)}$

연습문제 4

01 다음 문제를 풀어라.

① $y=x^2$

① → 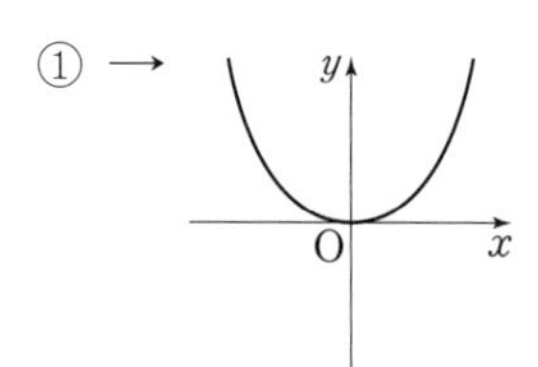

② $y=|x|$

② → 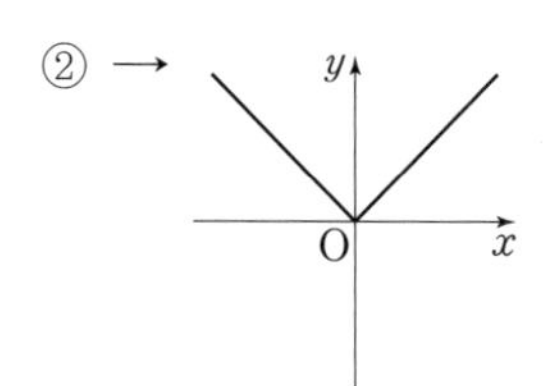

③ $y=2^x$

③ → 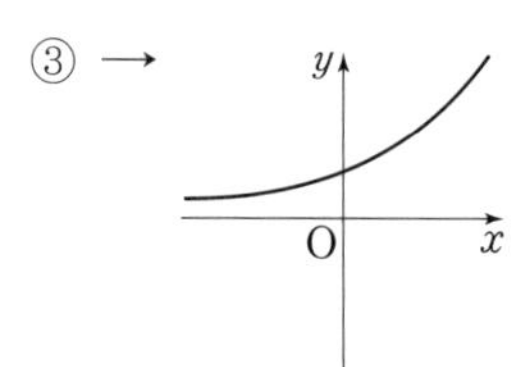

④ $y=\log_2 x$

④ → 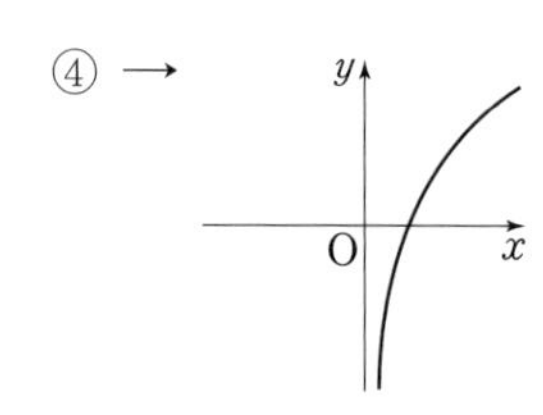

⑤ $y=x$

⑤ →

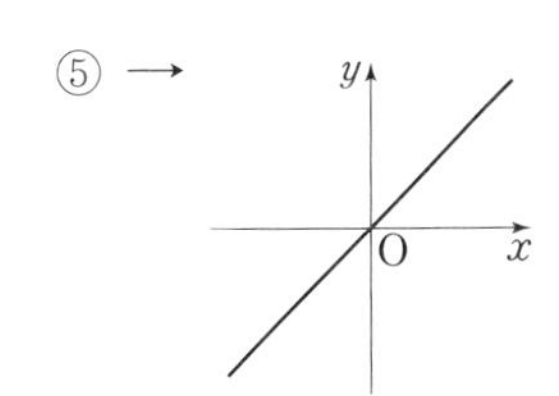

⑥ $x^2+y^2=1$

⑥ →

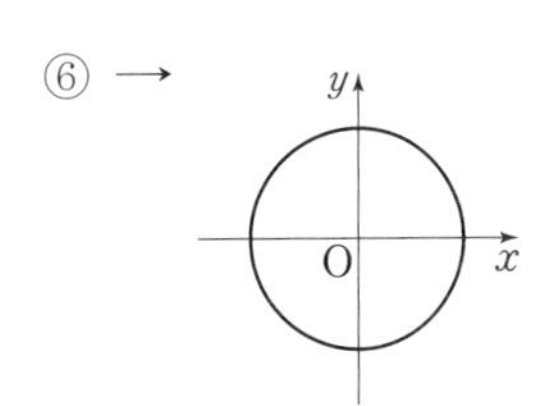

⑦ $y=\sqrt{x}$

⑦ →

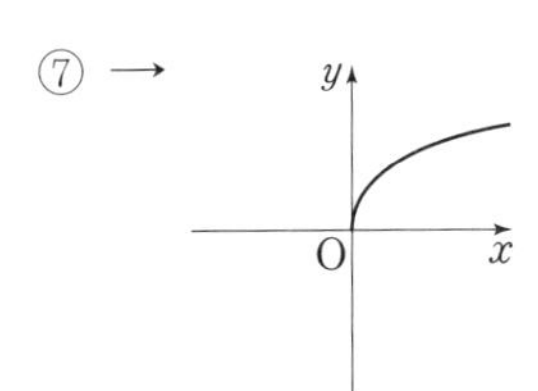

⑧ $y=\frac{1}{x}$

⑧ →

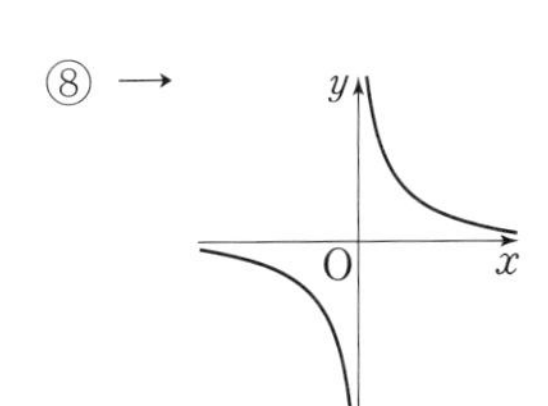

02 다음 문제를 풀어라.

① $y=x^2$

② $y=2x^2$

③ $-y=x^2$

④ $y=(x-1)^2$

⑤ $y-1=x^2$

① →

② →

③ →

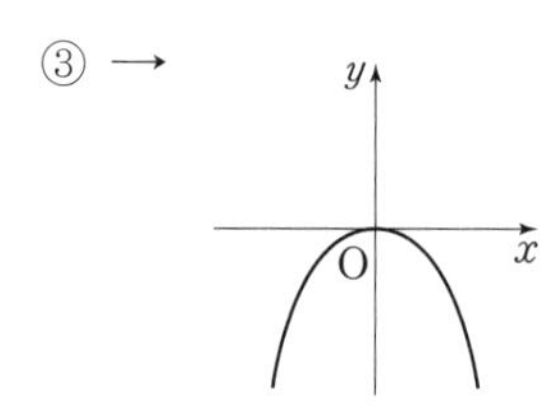

④ →

④ →

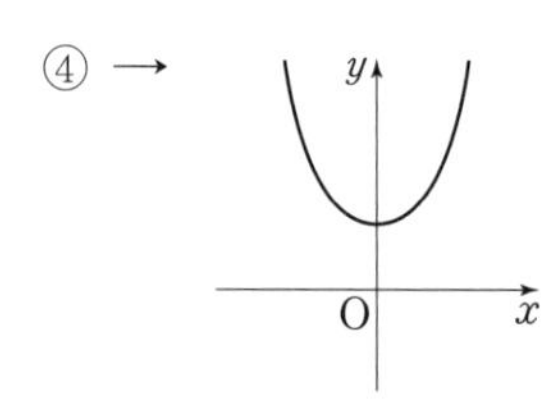

03 다음 문제를 풀어라.

① $y=\sqrt{x}$

② $y=\sqrt{x-1}$

③ $-y=\sqrt{x}$

④ $y=\sqrt{-x}$

① →

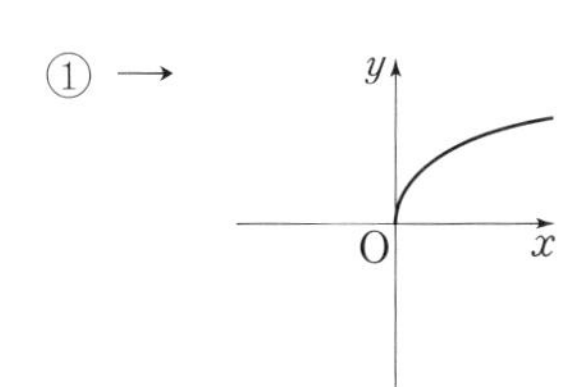

② →

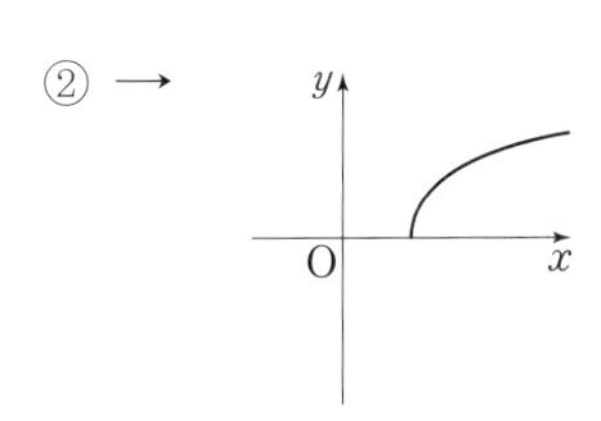

③ →

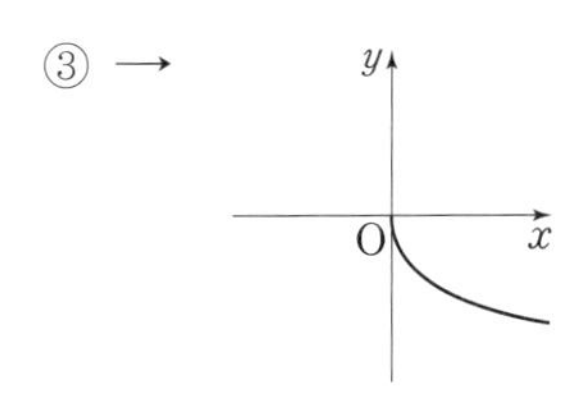

④ →

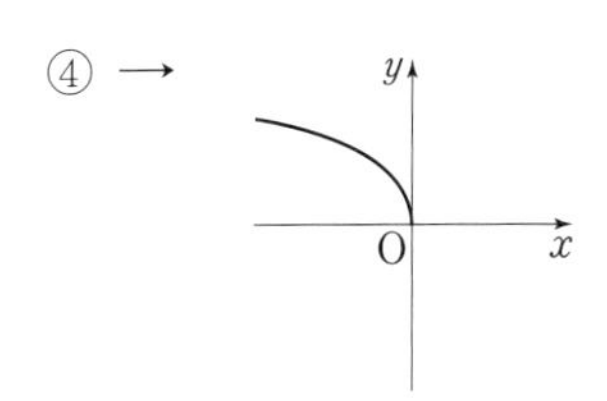

04 다음 문제를 풀어라.

① $y=2^{x}$

② $-y=2^{x}$

③ $y=2^{-x}$

④ $y-1=2^{x}$

① →

y O x

② →

y O x

③ →

y O x

④ →

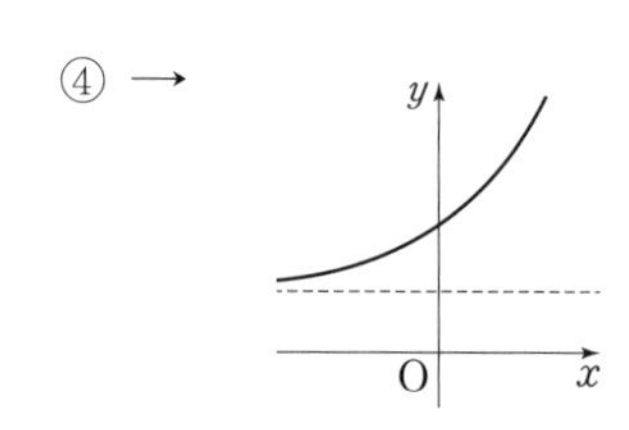

05 다음 문제를 풀어라.

① $x^2+y^2=1$

① →

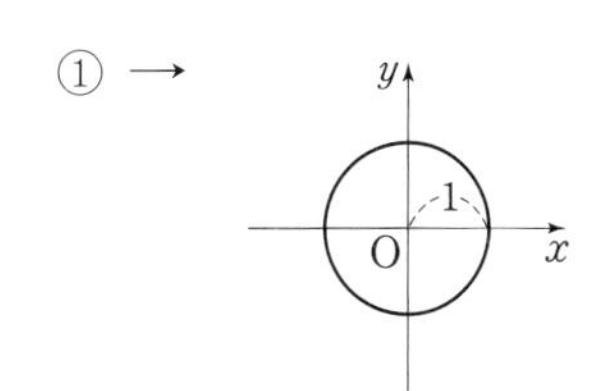

② $(x-1)^2+y^2=1$

② →

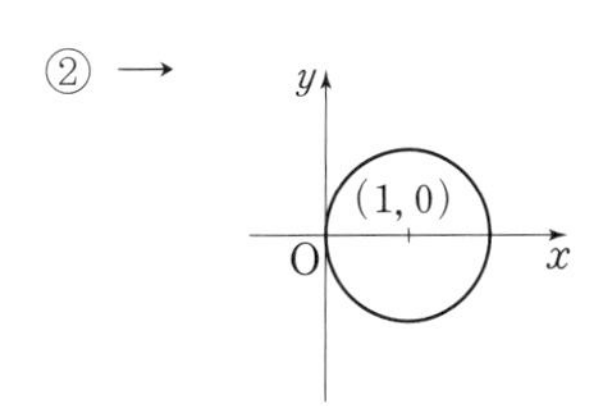

③ $x^2+(y-1)^2=1$

③ →

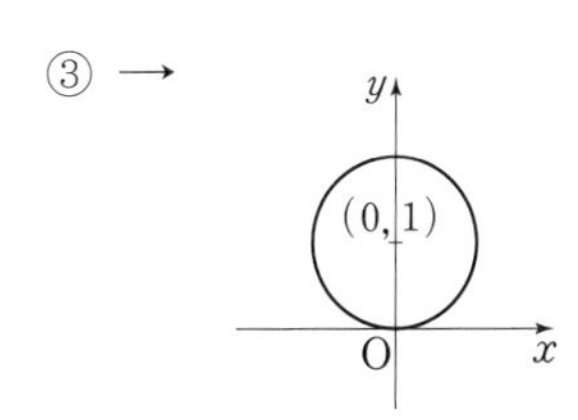

④ $x^2+y^2=4$

④ →

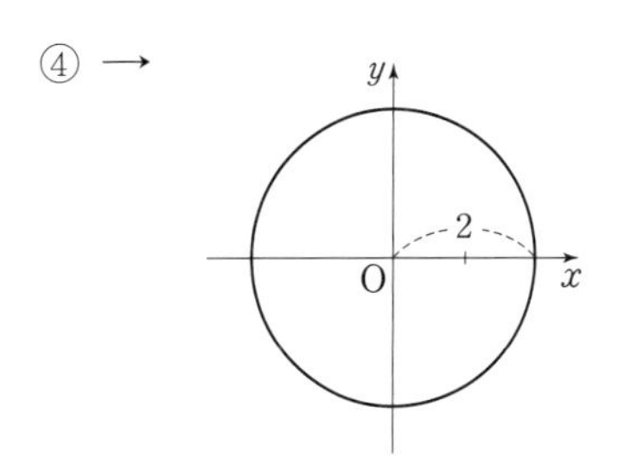

06 다음 문제를 풀어라.

① $y=\log_2 x$

② $-y=\log_2 x$

③ $y=\log_2(x-1)$

① →

② →

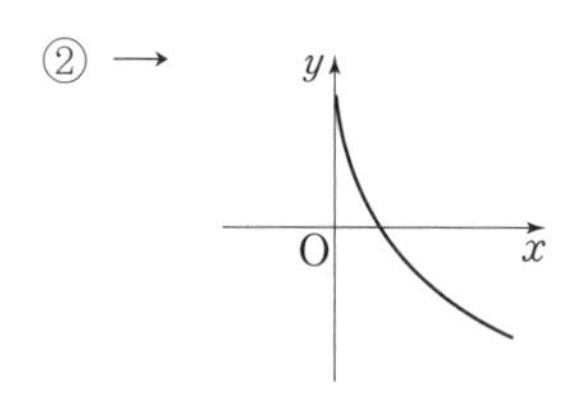

③ →

5장 다항함수의 미분

미적분

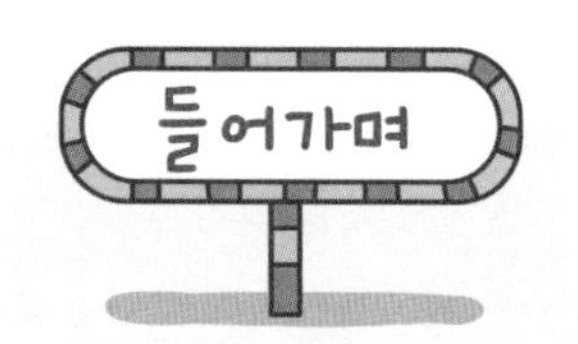

5장에서는 대체로 문과 미적분을 다룬다. 경험에 따르면 1~4장(음수. 지수로그루트, 방정식, 함수)까지는 초등 고학년~중등 초학년이면 무리 없이 이해한다.

반면 미분에서 진입장벽이 있다. 미분에서 나타나는 진입장벽은 미분에 대한 교과 수학의 설명이 너무 추상적이고 일반적이기 때문이다. 따라서 필자는 다항함수의 미적분을 최대한 운동과 연관지어 직관적으로 설명하고자 했다.

함수와 미적분은 긴밀한 연관이 있다. 함수의 일종인 2차 함수의 그래프를 그릴 때도 당연히 미분을 사용하는 것이 옳다. 4장을 통해 2차함수를 미분을 사용해 그리는 법을 익히기 바란다.

01

함수는 변화하는 대상을 다루는 수학 분야이다. 그 중 가장 중요한 것은 시간에 따라 위치가 변화하는 운동이다.

어떤 사람이 3층에서 차를 마시고 있다고 하자. 이 사람은 정지해 있다. x축을 시간, y축을 이 사람이 있는 위치라고 한다면 이 사람의 운동 상태를 $y=3$이라 할 수 있다.

미분은 속도(기울기, 순간변화율 모두 같은 의미이다)를 의미한다. 따라서 이 사람의 속도는 0이다.

즉 $y=3$을 미분하면 $y'=0$이다.(y'은 미분한다는 표시다) $y=5$인 운동 상태에 있다면 속도는 0 즉 $y'=0$이다. 일반적으로 $y=k$ (k는 상수)를 미분하면 $y'=0$이다.

02

이제 등속으로 운동하는 물체를 생각하자. 0초일 때 0인 곳을 출발하여 (우주에는 중심이 없다. 따라서 우리 마음대로 0인 곳을 선정할 수 있다) 2의 속도로 움직인다면 1초 후에는 (1, 2)인 곳을 지난다.

이를 식으로 나타내면 $y=2x$이다. 속도가 2임으로 $y=2x$를 미분하면 $y'=2$이다.

여기서 간략히 기호에 대해 점검하고 넘어가자.

속도$=\dfrac{\text{거리}}{\text{시간}}$이다.

고등학교에서는 이를 그리스어를 사용해 $\dfrac{\Delta y}{\Delta x}$ 라고 한다. Δ는 간격이라고 보면 된다.

x의 간격이 $\dfrac{1}{3}$이라면 $\Delta x=\dfrac{1}{3}$이다. 이 물체는 $(0,0)$에서 $(1,2)$로 움직였다.

여기서 $\dfrac{\Delta y}{\Delta x}=\dfrac{2-1}{1-0}$임으로 속도는 2이다. 속도가 2라는 것은 아래 그림에서 기울기에 해당한다.

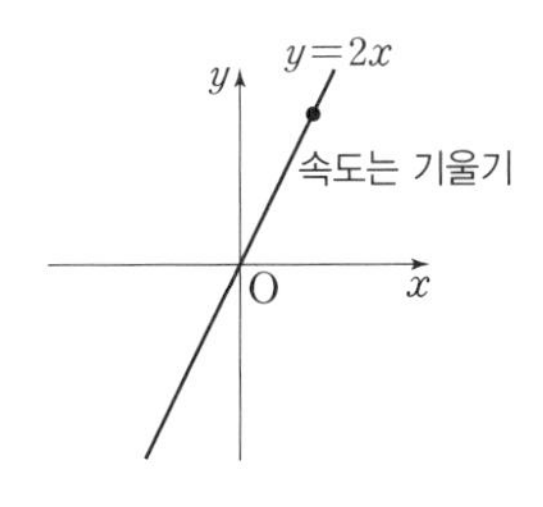

조금 더 연습을 해보자. 어떤 물체가 0초일 때 −1인 곳에 있다. 이 물체가 이후 3의 속도로 달린다고 하자. 그럼 1초일 때 어디에 있는가?

$\dfrac{\Delta y}{\Delta x}=\dfrac{?-(-1)}{1-0}=3$임으로 $?=2$이다. 이를 그림에 나타내면 아래 그림과 같다.

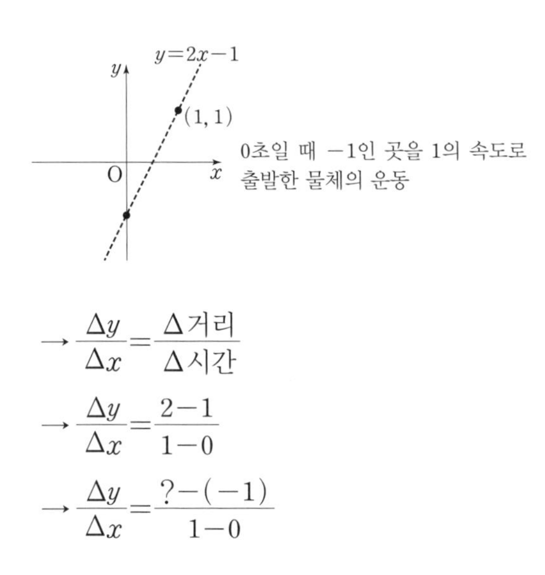

$$\rightarrow \frac{\Delta y}{\Delta x}=\frac{\Delta \text{거리}}{\Delta \text{시간}}$$

$$\rightarrow \frac{\Delta y}{\Delta x}=\frac{2-1}{1-0}$$

$$\rightarrow \frac{\Delta y}{\Delta x}=\frac{?-(-1)}{1-0}$$

이상을 정리하면 다음과 같다.

첫째. 함수와 그래프는 변화와 운동을 다루기 위한 수학적 도구이다.
둘째. 자연현상에서 속도는 그래프에서 기울기에 해당한다.

03

세상 만물은 끊임없이 변화한다. 따라서 속도는 매 순간 변화한다. 시간에 따라 속도가 변화하는 것을 가속도라고 한다. 대표적인 것이 낙하운동이다.

공중에 사과가 떠 있다. 사과를 가만히 놓으면 지표면을 향해 떨어진다.(이를 자유낙하라고 한다.) 이 때 시간에 따라 위치와 속도가 시시각각 변화한다. 이를 수치로 나타내면 다음과 같다.

시간	위치	속도
0	0	0
1	4.9	9.8
2	19.6	19.6
x	$y=\frac{1}{2}\times 9.8\times x^2$	$y=9.8\times x$

이를 일반화하면 $y=\frac{1}{2}\times 9.8\times x^2$이지만 여기서는 식을 $y=x^2$으로 단순화하여 특정 시점에서의 속도를 구해 보자. (9.8은 지구 중력에 의한 가속도로 지표면에서 일정한 상수이다. 이를 *gravity*를 써서 *g*라고 쓴다.

즉 위 식은 $y=\frac{1}{2}\times g\times x^2$이다. 물리학에서 시간은 일반적으로 t로 쓰지만 여기서는 그냥 x라 했다. 세 번째 속도에 대한 항목은 그냥 한번 봐두기 바란다.)

1초일 때 1을 지나고 2초일 때 4인 곳으로 지나므로 1~2초 사이의 평균 속도는 $\frac{\Delta y}{\Delta x}=\frac{4-1}{2-1}=3$이다.

땅으로 떨어지는 물체는 시간에 따라 속도가 빨라진다.

따라서 $x=1$일 때의 속도는 3보다는 작다.

우리는 1초일 때의 속도가 얼마인지는 모르지만 적어도 3보다 작을 것이라는 사실을 알았다. 여기서 시간 간격을 좁힌다면 1초일 때의 속도에 보다 가까운 값을 구할 수 있다.

구체적으로 1초일 때 1을 지나고 1.5초일 때는 2.25를 지난다.

$$\frac{\Delta y}{\Delta x}=\frac{4-1}{2-1}$$

$$\frac{\Delta y}{\Delta x}=\frac{2.25-1}{1.5-1}$$

따라서 1초~1.5초일 때의 속도는 $\frac{\Delta y}{\Delta x}=\frac{2.25-1}{1.5-1}=2.5$이다.

이 또한 우리가 구하고자 하는 1초일 때의 속도보다 크다.

우리는 3에서 중요한 사실을 알았다. '1초일 때의 속도 < 1~1.5에서의 평균속도 (3) < 1~2일 때의 평균 속도(2.5)'이다.

즉 시간 간격을 줄일수록 $x=1$일 때의 속도에 근접한다. 그렇다면 이 사실을 기초로 $x=1$일 때의 속도를 구체적으로 구할 수 있지 않을까? 여기서부터는 수학이 개입해야 한다.

$y=x^2$에서 적당한 시간 간격을 잡아 보자. 3에서 든 예를 상기한다면 Δx는 1일수도 있고 0.5일 수도 있다. 여기서는 이 모두를 일반화하여 Δx(Δx가 귀찮기 때문에 흔히 h라고 간략히 쓴다.)

그러면 Δx 동안 움직인 거리는 다음 그림에 따라 아래와 같이 구할 수 있다.

$$\frac{(1+h)^2-1^2}{h}$$

1초일 때의 속도를 구하라면 $\Delta x(=h)$의 간격을 좁혀야 한다. 즉 0으로 보내야 한다.

이를 lim(극한)를 써서 표현하면 $x=1$초일 때의 속도는

$$\lim_{h\to 0}\frac{(1+h)^2-1^2}{h}$$
$$=\lim_{h\to 0}\frac{1+2h+h^2-1^2}{h}$$
$$=\lim_{h\to 0}\frac{(1+h)^2-1^2}{h}$$
$$=\lim_{h\to 0}(2+h)$$
$$=2$$

이고 이를 그림으로 나타내면 아래 [그림 4-3]과 같다. (Δx를 h로 처리했다. lim는 다음에 나온다.)

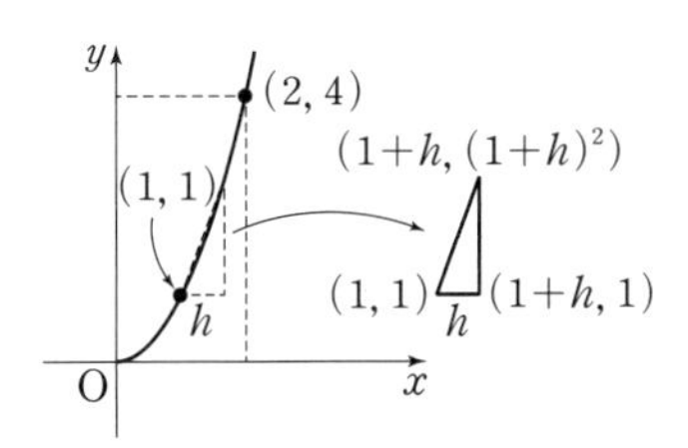

[그림 4-3]

우리는 임의의 함수 $f(x)$에서 임의의 시점 x초일 때의 속도(기울기=순간변화율)을 다음과 같이 구할 수 있다.

$$f'(x)=\lim_{h\to\sigma}\frac{f(x+h)-f(x)}{h}$$

예 $y=x^3$ 위의 점 $(1,1)$에서 기울기를 위와 같이 구하시오.

답 $f(x)=y=x^3$ $(1,1)$에서 기울기

$$f'(x)=\lim_{h\to\sigma}\frac{f(x+h)-f(x)}{h}$$

$$=\lim_{h\to\sigma}\frac{(x+3)^3-x^3}{h}$$

$$=\lim_{h\to\sigma}\frac{x^3+3x^2h+3xh^2+h^3-x^3}{h}$$

$$=\lim_{h\to\sigma}\frac{3x^2h+3xh^2+h^3}{h}$$

$$=\lim_{h\to 0}(3x^2+3xh+h^2)$$

$$=3x^2$$

04

위 미분 과정에서 lim(극한)라는 새로운 기호가 등장한다. 수학은 상황을 기호와 수식으로 간명히 정리하고 그것을 통해 일정한 수치로 답을 얻어내는 작업이다. 여기서 새로운 기호 lim에 살펴보도록 하자.

위에서 $\lim_{h \to 0}(2+h)=2$를 기억하기 바란다. h는 적당한 시간 간격을 의미한다.

시간 간격을 거의 0에 가깝게 좁힐 때 $2+h$가 어떻게 되느냐는 질문이다. 그냥 대입하면 끝난다. 예를 들어 $\lim_{x+1}(x+2)=3$이다.

예 $\lim_{x \to 2}(x+2)=4$

$\lim_{x \to 1}(2x-1)=1$

교과 수학에서는 lim를 매우 중시하지만 본 교재는 이 정도로 약한다. 이유에 대해서는 적분을 다루면서 종합적으로 설명하겠다.

05

학교 수업은 함수가 주어지고 이를 그래프로 표현하는 것이 중심이다. 5절에서는 다항함수가 주어졌을 때 그래프를 그리는 작업을 진행하도록 하자. 먼저 계산이 장애가 되지 않도록 간단한 연습을 해보자.

$y=x^2+3x-1$을 미분하면 $y'=2x+3$이다. x^2을 미분했을 때 $2x$가 된다는 점은 위에서 다룬 바 있다. 현 수준에서는 그냥 받아들여도 좋다. $y=3x$는 등속운동이다. 따라서 속도는 3이다.

즉 $y'=3$이다.$y=-1$은 정지한 상태이다. 즉 속도는 0이고 $y'=0$이다.

그럼 $y=x^2+2x-1$의 그래프를 그려 보도록 하자. 이를 미분하면 $y'=2x+2$이다. x(시간)에 적당한 값을 대입하면 y(위치), y'(속도) 값을 얻을 수 있다.

$x=0$일 때 $y=-1$이고 $y'=2$이다. 이것이 의미하는 바는 0초일 때 -1인 곳을 지나고 있고 그 때의 속도가 2라는 뜻이다. 그럼 우리는 0초일 때의 이 물체의 상태를 정확히 묘사할 수 있다. 미분의 핵심은 속도이다.

미분은 결국 물체가 매 순간 변화하고 있을 때 어떤 점에서의 속도를 구하는 것이다. 그리고 그 속도는 그래프에서 기울기로 나타난다.

즉 0초일 때 -1인 곳을 지나고 있는데 그 시점에서의 속도가 2이다. 만약 그 속도를 그대로 유지한다면 0초일 $(0, -1)$이고 1초일 때는 $(1,1)$을 지나게 된다.

따라서 아래 그림과 같다. 그러나 속도가 매순간 변화하므로 $x=0$일 때 이외의 선은 가상의 선(그 속도를 유지했을 때 나타나는 선이다.)

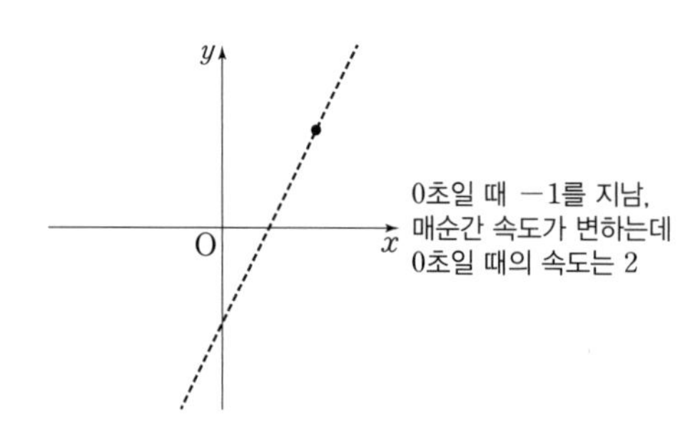

$x=1$, $y=2$, $y'=4$이다. 즉 1초일 때 2를 지나고 그 때의 속도는 4이다. 1초일 때의 속도가 4이고 1초일 때의 속도를 그대로 유지한다면 (1,2)에서 (2,6)을 연결하는 선을 지나게 된다. 그러나 이때도 매순간 속도가 변화함으로 $x=1$일 때만 과장해서 그리고 나머지는 점선으로 처리해야 한다.

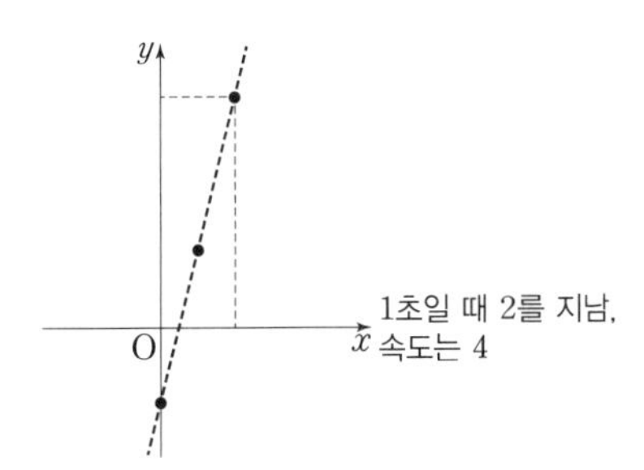

06

05를 통해 우리는 그래프를 효과적으로 그릴 수 있는 결정적인 단서를 찾을 수 있다. 물체를 하늘로 똑바로 던져 올렸다고 하자. 물체는 지구 중력에 따라 점점 속도가 작아지다가 어느 순간 0이 되었다가 반대 방향으로 떨어진다. 이를 그래프로 나타내면 다음과 같다.(3초일 때 5인 곳에 도달했다고 하자.)

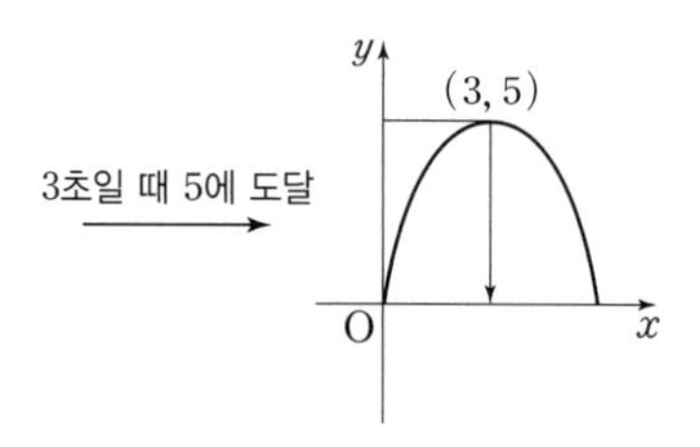

여기서 이 물체에서 가장 중요한 점은 (3,5)이다. 그런데 이 점의 특징은 위로 올라가다 방향을 바꾸는 과정에서 속도가 0이 되는 점이다. 즉 $y'=0$가 되는 점이다.

따라서 우리는 모든 점을 하나씩 대입하여 그 때의 시간, 위치, 속도를 구하지 않고 속도를 0으로 하는 점을 먼저 구하여 전체의 윤곽을 잡을 수 있다.

즉 $y=x^2+2x-1$

$y'=2x+2$

$y'=0$에서 $2x+2=0$이다.

즉 이 물체는 -1초일 때 방향을 바꾼다. 2차 함수는 포물선 모양임이 알려져 있음으로 이 점을 중심으로 다음과 같이 그리면 된다.

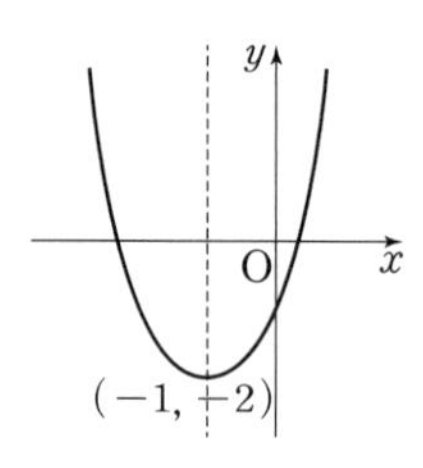

다음으로 $y=x^3-3x-1$을 그려 보자. 미분하면 $y=3x^2-3$이고 $y'=0$로 하는 값은 $x=-1,\ 1$이다. 즉 이 물체는 -1초, 1초일 때 두 번 방향을 바꾼다. 따라서 이 물체는 $x=-1$, $x=1$을 중심으로 3부분으로 나눠 그림을 그리면 다음과 같다.(디테일한 부분은 연습문제를 통해 해결하자)

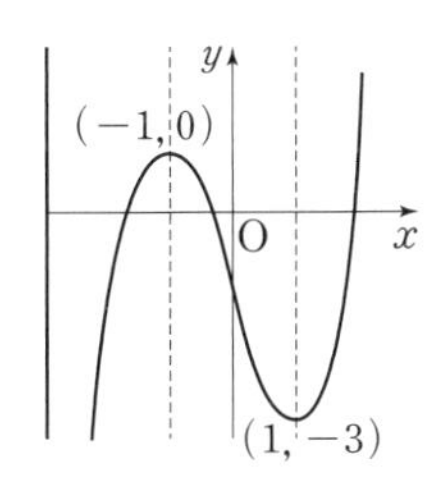

연습문제 5

01 다음을 미분하시오.

① $y=2x-1$

② $y=-3x+3$

③ $y=x^2-1$

④ $y=2x^2+x-1$

① → $y'=2$

② → $y'=-3$

③ → $y'=2x$

④ → $y'=4x+1$

⑤ $y=-x^2+x-1$

⑤ $\rightarrow y'=-2x+1$

⑥ $y=2x^2-x+1$

⑥ $\rightarrow y'=4x-1$

⑦ $y=x^3$

⑦ $\rightarrow y'=3x^2$

02 그래프를 그리시오.

① $y=x^2-2x-1$

② $y=x^2+2x+3$

③ $y=x^2-4x+1$

① → $y'=2x-2$

$y'=0$에서 $x=1$

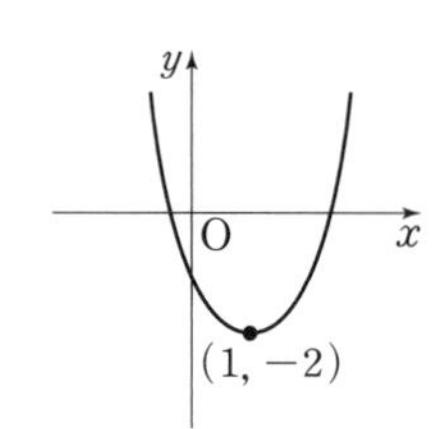

② → $y'=2x+2$

$y'=0$에서 $x=-1$

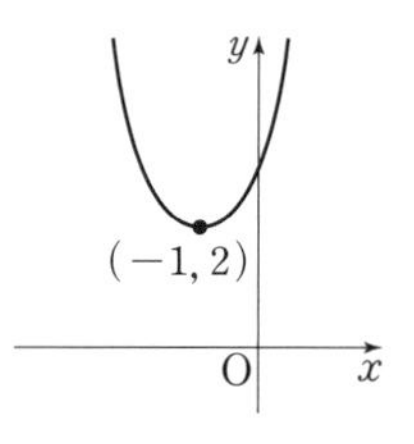

③ → $y'=2x-4$

$y'=0$에서 $x=2$

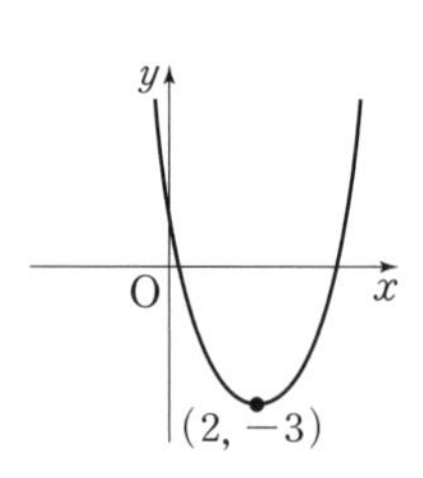

④ $y=x^2-2x$

⑤ $y=\frac{1}{2}x^2-x+1$

⑥ $y=-2x^2+4x+1$

④ → $y'=2x-2$

$y'=0$에서 $x=1$

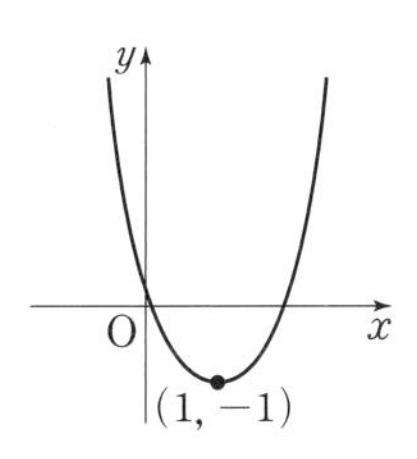

⑤ → $y'=x-1$

$y'=0$에서 $x=1$

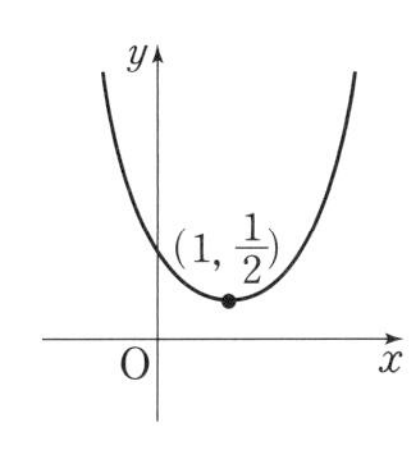

⑥ → $y'=-4x+4$

$y'=0$에서 $x=1$

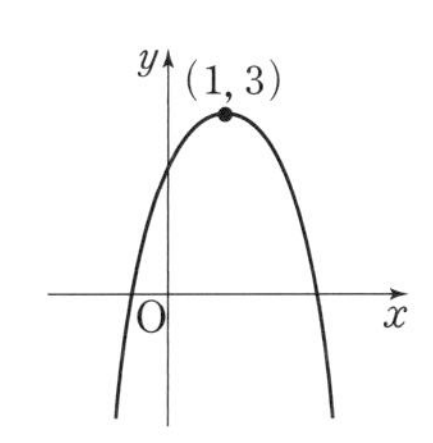

6장 다항함수의 적분

미적분

6장에서는 다항함수의 정적분을 다룬다. 5장의 특징은 dx를 중심으로 정적분을 소개하는 점이다. 본문에서 보겠지만 정적분 기호 자체가 라이프니치가 고안한 기호와 논리 전개 방식으로 구성되어 있다. 따라서 dx를 통해 적분을 이해하는 것이 미적분의 도입단계에서 훨씬 알기 쉽고 간결하다.

미적분학의 역사는 대체로 첫째. 적분을 통한 넓이 구하기 둘째. 17세기 미분의 발견과 미적분으로의 통합 셋째. 19세기 lim(극한)을 통한 미적분학의 재구성으로 정의되어 있다. 교과 수학은 lim(극한)을 중심으로 소개되어 있다. 지금단계에서는 dx를 중심으로 미적분을 하고 훗날 미적분학의 역사와 함께 lim에 대해 공부하기 바란다.

01

적분은 넓이 구하기이다. 원의 넓이를 구하는 장면을 기억해 보자. 원을 잘게 쪼개면 점점 각이 좁아지면서 결국에는 직사각형 모양으로 바뀐다. 그래야 우리는 원의 넓이를 πr^2으로 쓸 수 있다. 무한히 쪼갤수록 사이각은 0으로 근접한다. 최종 순간에 쪼개진 부채꼴이 모여 사각형이 되기 위해서는 사이각이 0이라야 한다. 알 듯 모를 듯 기묘하지만 이것이 미적분의 본질이다.

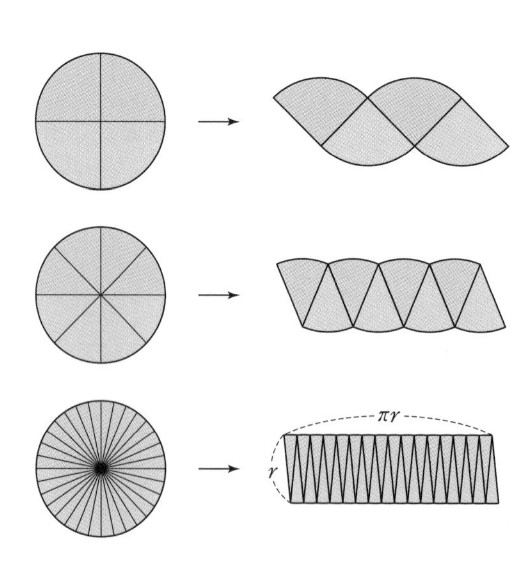

적분에서도 이 테크닉을 사용한다. $y=x^2$에서 $x=0\sim1$ 사이의 넓이를 구한다고 치자. 우리는 적당히 x를 두 부분으로 쪼개어 근사치를 구할 수 있다.

여기서 기호를 다시 확인하자. $0\sim1$을 두 조각냈으므로 $\Delta x=\frac{1}{2}$이다.

$\Delta x=\frac{1}{2}$일 때 넓이는 $\frac{1}{8}+\frac{1}{2}=\frac{5}{8}$이다.

여기서 확인할 수 있는 것은 우리가 구하고자 하는 넓이를 s라고 한다면 $s<\frac{5}{8}$보다 작다는 점이다.

$\Delta x=\frac{1}{4}$이면 넓이는 $\frac{15}{32}$이고 $s<\frac{15}{32}<\frac{5}{8}$와 같다.

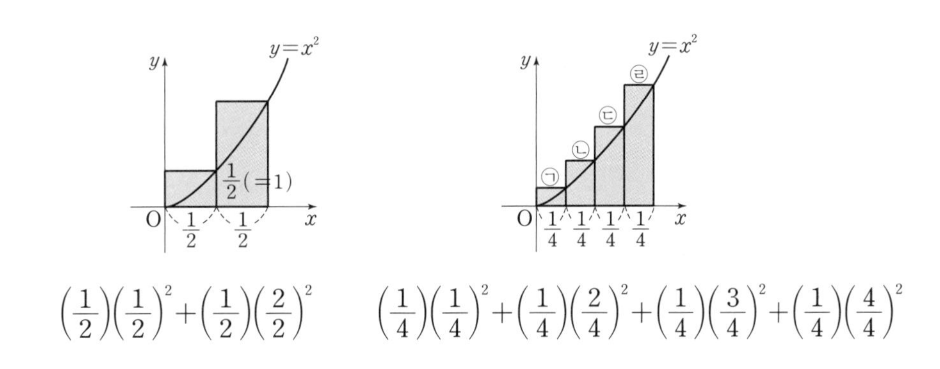

$$\left(\frac{1}{2}\right)\left(\frac{1}{2}\right)^2+\left(\frac{1}{2}\right)\left(\frac{2}{2}\right)^2 \qquad \left(\frac{1}{4}\right)\left(\frac{1}{4}\right)^2+\left(\frac{1}{4}\right)\left(\frac{2}{4}\right)^2+\left(\frac{1}{4}\right)\left(\frac{3}{4}\right)^2+\left(\frac{1}{4}\right)\left(\frac{4}{4}\right)^2$$

여기서도 어떤 경향성이 있다. 즉 Δx가 작아질수록 구하는 넓이는 우리가 목표로 하고 있는 넓이 s에 가까워진다. 이를 이용해 넓이를 수학적으로 구해보자.

여기서 미적분의 마법과 같은 기호가 등장한다. Δx가 거의 0에 근접한 상태를 dx라고 하고 이를 통해 수식을 처리하는 것이다. Δx가 거의 0에 가까울 때 우리는 거의 선에 가까운 x^2dx라는 아주 작은 직사각형을 얻게 된다.(그냥 선이라고 보는 게 이해하는데 좋다.)

이상하게 들릴 수 있다. 우리는 원의 넓이를 직사각형으로 재배열하여 넓이를 구하는 과정에서 사실상 동일한 작업을 했다 사이각이 거의 0에 가까운 상태라야 가로 $\pi r\times$세로 $r=\pi r^2$일 수 있다. dx는 그와 동일한 개념이라고 보면 된다.

dx는 0은 아니지만 0보다는 큰 양이다. 무한소라고 한다. 에를 들어 dx가 0.001일 수 없다. 0보다는 크지만 0.001보다 작은 양 0.0001을 구할 수 있기 때문이다. 이런 식이라면 dx는 수로 특정할 수 없는 양이다. 그럼 이런 이상한 개념을 통해 수학을 할 수 있는 걸까?

수학을 너무 무겁게 생각하지 말아야 한다. 다른 예를 들어 보겠다. 주사위를 던져서 눈의 수가 1이 나올 확률은 $\frac{1}{6}$이다. 그러나 실제로 6번 던지면 1의 눈이 한 번 나오지 않는다. 120번 던지더라도 20번 나오지 않을 가능성이 크다. 그렇다면 확률이 $\frac{1}{6}$이라는 것은 무슨 뜻일까?

6번, 120번 던졌을 때 $\frac{1}{6}$이 나올 가능성은 명료하지 않지만 던지는 횟수를 무수히 늘리면 $\frac{1}{6}$에 접근한다. 이를 큰 수의 법칙이라고 한다. 여기서 '무수히'가 의미하는 바가 구체적으로 무엇인가? 이 또한 무한소와 유사하다.

120000번을 큰 수라고 할 수 있지만 우리는 그보다 큰 수 1200000을 간단히 찾을 수 있다. 따라서 중요한 것은 던지는 횟수가 늘어날수록 $\frac{1}{6}$로 접근하다는 사실을 확률의 수학적 기초로 삼는 것이다. dx는 그와 유사한 발상이다.

넓이를 구한다는 것은 이런 (아주 작은) 직사각형(x^2dx)를 모두를 하나로 모으면 된다. 이를 $\int_0^1 x^2dx$로 쓰기로 한다. $\int$은 영어 라이프니치가 sum의 s를 늘려 기호로 만든 것이다. 그냥 기호에 불과한 것이므로 익숙해지면 된다.

여기서 포인트는 dx를 사용해 구체적인 수식을 구성하는 것이다.

만약 Δx가 0.001과 같은 작지만 어쨌든 유한한 값이라면 우리는 Δx에 해당하는 직사각형을 근사적으로만 구할 수 있다. 즉 0.001에 해당하는 함수값(직사각형의 세로)이 여러 가지가 있을 수 있기 때문이다. 그런데 dx가 매우 작은 양이라면 그 때의 값은 x^2으로 특정할 수 있다. 즉 dx일 때의 넓이는 x^2dx이다.

02

수학에서 기본이 되는 몇 가지 정리가 있다. n차 다항식은 복소수의 범위에서 n개의 다항식을 갖는다는 것을 대수학의 기본 정리라고 한다. 미적분학에서 가장 뼈대가 되는 정리가 미분과 적분이 서로 역의 관계라는 사실이다. 이를 미적분학의 기본 정리라고 한다.

$\int_0^1 x^2dx$은 $y=x^2$에서 $x=0\sim1$까지의 넓이를 구한다는 수학적 표현이다. 이 넓이를 구하는 방법은 여러 가지가 있을 수 있다. 이제 우리는 미적분학의 기본 정리 즉 미분과 적분 사이의 관계를 이용해 이를 구할 것이다.

$\int_0^1 x^2dx=\left[\frac{1}{3}x^3\right]_0^1$이다. 여기서 미분을 활용한다는 의미는 $\frac{1}{3}x^3$을 미분하면 x^2이 된다는 의미이다.
이를 적분한다고 한다.

다음으로는 구하고자 하는 넓이를 대입하여 이를 빼면 된다.
즉 $\frac{1}{3}\times1^3-\frac{1}{3}3\times0^3=\frac{1}{3}$이다.

03

좌표는 운동과 변화를 기술하기 위한 수학적 도구이다. 우주에는 중심이 없으므로 우리 마음대로 좌표 원점을 잡으면 된다. 즉 $y=2x$와 $y=2x-1$은 모두 속도가 2인 등속 운동이다. 차이는 전자는 $x=0$일 때 0인 곳에서 출발했다면 후자는 $x=0$일 때 -1인점에서 출발했다는 점이다. 즉 상수는 속도에 영향을 미치지 않는다. 따라서 좌표 원점은 우리 마음대로 잡아도 상관없다. 이를 현실에 다양하게 적용하기 위해 부정적분을 다음과 같이 정의한다.

$\int xdx$을 적분하면 $\frac{1}{2}\times x^2+0$, $\frac{1}{2}\times x^2+1$ ... 등이 있다. 상수는 무엇이라도 상관없다. 이들 모두를 대표하여 $\int xdx=\frac{1}{2}x^2+c$($c$는 적분에서 나타나는 상수라고 하여 적분상수라고 부른다. constant의 약자이다.)

2에서는 적분값이 하나로 결정된다. 따라서 이를 정적분이라고 한다. 반면 3에서는 적분값이 고정되지 않는다. 적분값이 하나로 결정되지 않기 때문에 부정적분이라고 이름을 붙였다.

예 $\int(x+1)dx=\frac{1}{2}x^2+c$

04

미적분은 17세기 뉴턴과 라이프니치가 만들었다. 뉴턴과 라이프니치는 dx(dx를 비롯 미적분 기호 대부분은 라이프니치가 만든 것이다.)라는 기호를 사용해 자신의 이론을 전개했다. 위 넓이 구하기 과정에서 dx가 등장하는 것은 그런 이유이다.

여기에 논리적 모순이 있다고 판단하여 19세기 코시 등이 dx를 lim(극한)을 중심으로 개작한다. 학교 교과는 lim를 중심으로 미적분이 기술되어 있다. 따라서 기호와 논리전개가 불일치하는 등 미적분을 이해하는 데 어려움이 나타난다.

따라서 필자는 dx를 중심으로 미적분을 소개한다. 무엇보다 미적분을 창안한 사람들이 dx를 사용해 자신의 논리를 전개했기 때문에 기호와 사고의 전개가 일치한다. 그리고 물리학이나 대학수학에서는 dx를 빈번히 사용한다.

이과 수학에서도 dx를 사용하지 않으면 치환적분 등을 할 수 없다. 결론적으로 dx를 중심으로 미적분을 하기 바란다.

01 적분하시오.

① $\int(x-1)dx$

② $\int(x^2+x+1)dx$

① → $\frac{1}{2}x^2-x+c$

② → $\frac{1}{3}x^3+\frac{1}{2}x^2+x+c$

02 넓이를 구하시오.

①

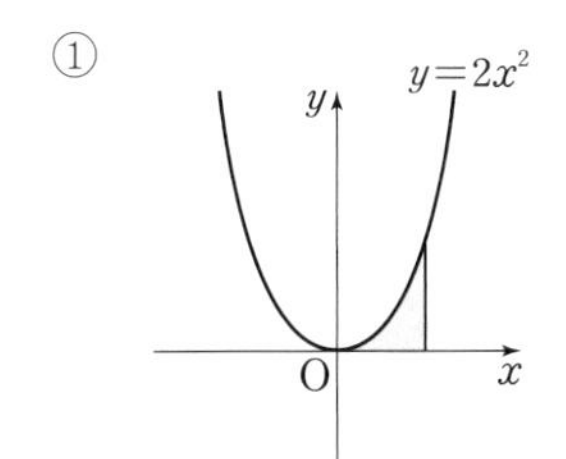

②

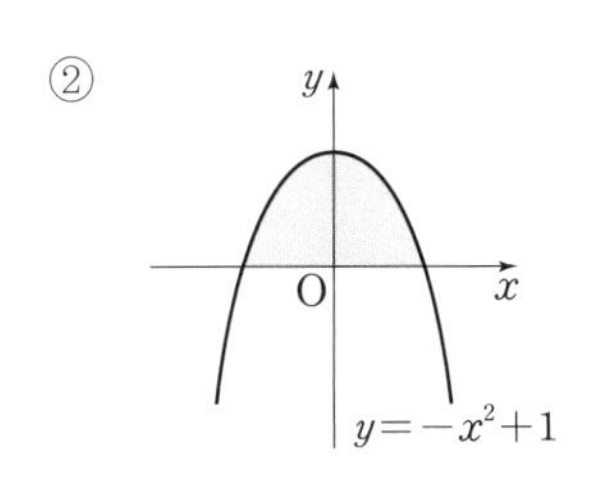

③

y

O x

$y=-x^2+4$

① → $\int_0^1 2x^2dx$

$=\left[\frac{2}{3}x^3\right]_0^1$

$=\frac{2}{3}$

② → $\int_{-1}^1 (-x^2+1)dx$

$=\left[-\frac{1}{3}x^3+x\right]_{-1}^1$

$=\left(-\frac{1}{3}+1\right)-\left(\frac{1}{3}-1\right)$

$=\frac{4}{3}$

③ → $\int_0^2 (-x^2+4)dx$

$=\left[-\frac{1}{3}x^3+4x\right]_0^2$

$=-\frac{8}{3}+8$

$=\frac{8}{3}$

7장 미적분 심화 1 - e와 ln의 도입

미적분

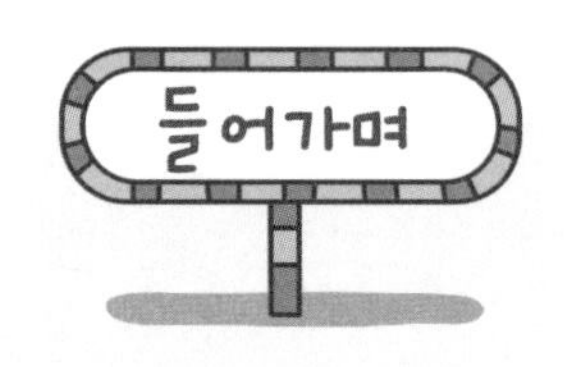

앞에서 8가지 함수를 다뤘다. 5~6장에서는 다항함수의 미적분만을 다뤘다.

7장에는 8가지 함수 중 나머지 $y=\sqrt{x}$, $y=\frac{1}{x}$, $y=a^x$, $y=\log_2 x$, $x^2+y^2=1$등을 다룬다. 그리고 이 과정에서 e와 ln이라는 새로운 수학적 개념을 도입한다.

미적분의 최대 난관 중 하나는 e와 ln과 같은 낯선 용어이다. 수학은 주요 순간마다 새로운 개념을 도입하여 새로운 영역을 개척했다. 하나 둘을 세기 어렵던 인류가 다섯, 여섯을 셀 수 있었던 것은 손가락 때문이다. 중학교 때 원의 둘레와 원의 넓이를 파이와 연관지어 설명하는 것도 비슷한 사례이다. 6장에서는 e와 ln의 유래를 이해하고 그것을 편안히 받아들일 수 있도록 해야 한다.

다시 한번 강조하자면 어렵지 않다. 미적분에 대한 이해는 어려울 수 있지만 미적분에 필요한 대수적 조작 과정은 구구단이나 이차방정식 풀이와 본질적으로 다르지 않다. 어렵게 느껴지는 것은 불필요한 공포감 또는 거부감 때문이다. 2차 방정식을 풀 듯 가볍게 처리하기 바란다.

01

$y=x^n$을 미분하면, $y'=nx^{n-1}$이고 $\int x^n dx$을 적분하면 $\frac{1}{n+1}x^{n+1}+c(n\neq-1)$, 이 때 n이 자연수가 아니라 정수나 유리수라고 상관없다. 따라서

$$y=\sqrt{x}$$

$$y=x^{\frac{1}{2}}$$

$$y'=\frac{1}{2}\times x^{-\frac{1}{2}}$$

$$=\frac{1}{2}\times\frac{1}{x^{\frac{1}{2}}}$$

$$=\frac{1}{2\sqrt{x}}$$ 이고

$y=\frac{1}{x}$

$y=x^{-1}$

$y'=-1\times x^{-2}$

$\;=-\frac{1}{x^2}$이다.

미분과 적분이 서로 역의 관계임으로

$$\int\sqrt{x}dx=\int x^{\frac{1}{2}}dx=\frac{2}{3}x^{\frac{3}{2}}+c=\frac{2}{3}x\sqrt{x}+c$$이다.

매우 복잡해 보이지만 자연스러운 흐름이다. 그냥 숙련의 문제임으로 다음 연습문제를 통해 손으로 연습하기 바란다.

예 1 $y=\sqrt{x}$ 위의 점 $(1,1)$에서의 기울기(속도)는?

답 $y=\frac{1}{x}$

$y'=-\frac{1}{x^2}$

$y'_{x=1}=-1$

예 1 $y=\frac{1}{x}$ 위의 점 $(1,1)$에서의 기울기(속도)는?

답 $y'=-\frac{1}{x^2}$

예 2 $y=\sqrt{x}$ 와 x축 및 둘러싸인 넓이는?

$$\int_0^1\sqrt{x}dx=\left[\frac{2}{3}x^{\frac{3}{2}}\right]=\frac{2}{3}$$

여기서 다음에 주목하기 바란다. 이해가 되지 않을 가능성이 크다.

따라서 그러려니 하고 결론만 기억하는 것이 좋다.

$\int x^n dx = \frac{1}{n+1} x^{n+1} (n \neq -1)$에서

$n=-1$이면 $\int \frac{1}{x} dx = \int x^{-1} dx$에서 지수 -1에 1을 더하여 역수를 취했을 때 분모가 0이 된다.

수학 역사에서 $\int \frac{1}{x} dx$을 구하는 문제가 중요한 과제로 나서게 된다.

2절에서 다루게 될 e의 또다른 기원이 여기에 있다.

여기서는 결론만 언급하면 $\int \frac{1}{x} dx = lnx + c$이다.

02

함수 중에는 지수 함수가 있다. $y=2^x$를 미분하면 $y'=2^x ln2$이고 $y'=3^x ln3$이다. 뒤에 이상한 숫자가 붙는다. 인구의 증가, 대장균의 분열, 방사성 동위원소의 붕괴 등 너무나 많은 것들이 이런 형태로 변화한다. 그런데 지수함수를 다룸에 있어 위와 같은'혹'을 가지고는 수학을 할 수 없다. 따라서 수학자들은 2~3 사이에 미분해서 혹이 붙지 않는 수를 찾았다. 마치 π를 찾는 작업과 비슷하다고 보면 된다. 2.7182…가 그에 해당한다. 여기에 e(자연상수, 자연대수 또는 오일러 상수 등으로 불린다.)라는 이름을 붙이고 지수 함수 전체를 e를 중심으로 재편한다.

즉 $y=e^x$를 미분하면 $y'=e^x$이고 미분과 적분이 서로 역의 관계임으로 $\int e^x dx=e^x+c$이다.

로그도 유사하다. $y=\log_a x$를 미분하면 $y'=\frac{1}{xlna}$가 된다.

여기서 a를 e로 할 수 있다면 $y=\log_e x=lnx$를 미분하면 $y'=\frac{1}{x}$가 된다.

왜 e와 ln과 같은 낯선 문자를 도입하는지 의문을 가질 수 있다. 사실 수학은 늘 그렇게 해왔다. 아래와 같이 돌멩이가 떨어져 있다고 하자. 돌멩이 숫자가 10개만 넘어도 한 눈에 파악하기 어렵다. 그런데 이를 몇 개씩 묶어 두면 한눈에 돌멩이 숫자를 셀 수 있다. 13개이다. 그런데 같은 13개라도 돌멩이 숫자를 4개씩 묶어 두면 한 눈에 들어오지 않는다.

눈으로 세기 어렵다.

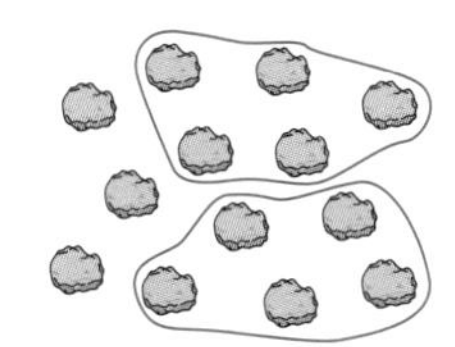
한 눈에 보인다.

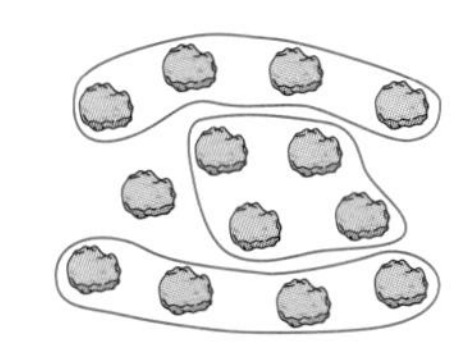
한 눈에 잘 보이지 않는다.

돌멩이 숫자를 세는데 5가 중요한 이유는 인간의 손가락이 5개이기 때문이다. 먼 옛날 무엇인가를 센다는 것은 매우 어려운 일이었다. 인간은 간신히 하나 둘 세다가 손가락에 의지해 6, 7과 같은 큰 수를 세기 시작한다. 손가락으로 큰 수를 세는 것은 문명의 척도라고 할 만큼 인류 역사에서 획기적인 전진이었다. 우리가 무언가를 5개씩 묶어 두면 손쉽게 셀 수 있는 이유가 여기에 있다.

그런데 손가락이 5개인 것은 그냥 우연히 그렇게 된 것이다. 3억 6천만 년 전 우리 선조가 땅으로 올라올 때 사지(四肢)를 구성하는 발가락(인류의 손가락)이 우연히 5개였기 때문이다. 따라서 지금 우리가 10진법을 쓰는 이유는 10이 우주의 근본 질서와 맞닿아 있는 특별한 수이기 때문이 아니라 손가락셈을 통해 자연현상을 수학적으로 처리(재구성)하려 했던 역사적 산물이다.

e 또한 그러하다. 미적분을 하게 되면서 다양한 지수로그 함수를 다뤄야 하는데 지수로그 함수를 e를 중심으로 재구성하지 않으면 미적분에 필요한 복잡한 수식을 다룰 수 없기 때문이다. 따라서 반지름이 3인 원의 넓이를 구태여 파이를 동원하여 9파이라고 쓰듯 손에 익도록 연습해야 한다.

예 1 $y=e^x$를 그리고 그 위의 점 $(1, e)$에서의 기울기를 구하시오.

답 $y=e^x$

$y'=e^x$

$y'_{x=1}=e'$

$\therefore$ 기울기 e

예 2 $y=e^x$와 x, y축 및 $x=1$로 둘러싸인 부분의 넓이를 구하시오.

답 $y=\int_0^1 e^x dx=\left[e^x\right]_0^1=e-1$

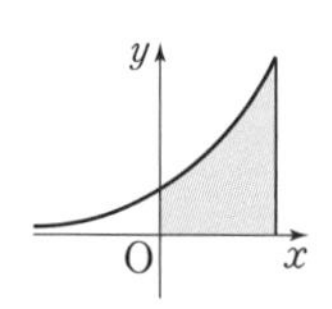

예 3 $ln1$, lne, $ln1/e$, $ln\sqrt{e}$는?

답 $ln1=0$

$lne=1$

$ln\frac{1}{e}=-1$

$ln\sqrt{e}=\frac{1}{2}$

예 4 $y=lnx$위의 점 $(1, e)$에서의 기울기는?

답 $y=lnx$

$y'=\frac{1}{x}$

$y'_{x=1}=1$

기울기 1

03 원

$x^2+y^2=1$위의 점 $\left(\frac{1}{2}, \frac{\sqrt{3}}{2}\right)$에서의 기울기를 생각할 수 있다. 행성들이 태양 주변을 타원 궤도 그리며 돈다. 그런데 타원의 찌그러진 정도가 크지 않아 그냥 원으로 봐도 좋다. 즉 위 원운동은 행성 궤도와 관련 있다.

이를 위해서는 먼저 다양한 미분 기호에 대해 알아야 한다. 미분법의 경우 대체로 다음 네 가지가 있는데 고등학교 레벨에서는 앞의 세 가지 정도는 능숙하게 사용할 수 있어야 한다.(가능한 네 번째도 익히기 바란다.) 미분 기호들이 발전한 이유는 앞으로 다뤄야 할 함수들이 매우 복잡하기 때문이다. 뉴턴의 업적에도 불구하고 미적분 기호의 대부분은 라이프니치의 기호가 살아남았는데 이 또한 기호와 기호를 통한 논리전개의 중요성을 잘 보여준다.

$y=x^2$을 미분한다는 표현을 아래와 같이 4가지로 쓴다.

$y'=2x$

$\frac{dy}{dx}=2x$

$dy=2xdx$,

$dx^2=2xdx$

첫 번째 표기는 미분의 주체가 명확할 때 쓴다. 그런데 함수가 복잡해지면 미분하는 주체와 대상을 명확히 해야 할 때가 있다. 그럴 때 2번째 표기법이 유용하다. 세 번째, 네 번째는 실용적인 접근에 가깝다.

예 $y=x^3$을 위 네 가지 방법으로 미분해 보기 바란다.

답 $y'=3x^2$

$\frac{dy}{dx}=3x^2$

$dy=3x^2dx$,

$dx^3=3x^2dx$

두 번째 표기의 강점은 미분하는 주체와 대상이 명확하다는 점이다.

즉 $x=\frac{1}{2}$, $y=\frac{\sqrt{3}}{2}$일 때의 기울기를 구하기 위해서는 x에 대해 미분해 달라는 뜻이다.

즉 $\frac{dx^2}{dx}+\frac{dy^2}{dx}=\frac{d1}{dx}$이다.

여기서 $\frac{dx^2}{dx}=2x$이다. ($y=x^2$, $\frac{dy}{dx}=\frac{dx^2}{dx}$, $y=2x$임으로) $\frac{dy^2}{dx}$는 $\frac{dy^2}{dy}\times\frac{dy}{dx}$라 쓸 수 있다.

우리가 문자 대수에서 $\frac{y}{x}=\frac{y}{z}\times\frac{z}{x}$라 쓸 수 있는 것과 같다.

미적분에 필요한 계산이 기존에 우리가 알고 있는 대수 연산과 비슷하기 때문에 미적분에 필요한 계산을 처리하는 데 매우 적합하다. 이를 역으로 말하면 미적분 연산이 우리가 이미 알고 있는 문자대수에 기초하여 설계되어 있다는 뜻이다. 따라서 문자연산과 미적분 연산에 필요한 지적 레벨이 같다.

$\frac{dy^2}{dx}=\frac{dy^2}{dy}\times\frac{dy}{dx}=2y\times y'$이다. $\frac{dy^2}{dy}=2y$인 것은 $z=y^2$을 미분하면 $z'=2y$인 것과 같다. $\frac{dy}{dx}$를 y'이라고 쓴 것은 dx를 통해 복잡한 식을 미분한다는 목적으로 달성했기 때문에 혼동될 위험이 없다고 보고 가능한 간략히 쓴 것이다.

$\frac{d1}{dx}=0$($y=1$을 미분한 것과 같다.)임으로

$x^2+y^2=1$을 x에 대해 미분하면

$2x+2yy'=0$

$y'=-\frac{x}{y}$이고 여기에 $\left(\frac{1}{2},\ \frac{\sqrt{3}}{2}\right)$를 대입하면 $y'=\frac{\frac{\sqrt{3}}{2}}{\frac{\sqrt{3}}{2}}=-\frac{1}{\sqrt{3}}$이다.

즉 원 $x^2+y^2=1$위의 점 $\left(\frac{1}{2},\ \frac{\sqrt{3}}{2}\right)$에서 기울기는 $-\frac{1}{\sqrt{3}}$이고 접선의 방정식은 $y-\frac{\sqrt{3}}{2}=-\frac{1}{\sqrt{3}}\left(x-\frac{1}{2}\right)$이다.

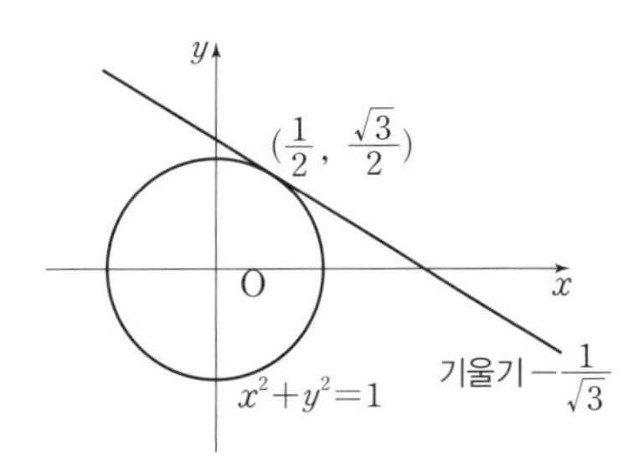

연습문제 7

01 다음을 미분하시오.

① $y=\sqrt{x}$

② $y=\frac{1}{x}$

③ $y=\frac{1}{x^2}$

④ $x^2+y^2=4$

⑤ $y=\ln x$

① → $y'=\frac{1}{2\sqrt{x}}$

② → $y'=-\frac{1}{x^2}$

③ → $y'=-\frac{2}{x^3}$

④ → $2x+2yy'=0$

$y'=-\frac{x}{y}$

⑤ → $y=\frac{1}{x}$

02 (　　) 위의 점에서의 기울기는?

① $y=\sqrt{x}$ $(9,\ 3)$

② $y=\dfrac{1}{x}$ $\left(2,\ \dfrac{1}{2}\right)$

③ $x^2+y^2=1$ 위의 점 $\left(\dfrac{1}{3},\ \dfrac{2\sqrt{2}}{3}\right)$

① → $y'=\dfrac{1}{2\sqrt{x}}$

$y'_{x=9}=\dfrac{1}{6}$

② → $y'=-\dfrac{1}{x^2}$

$y'_{x=2}=-\dfrac{1}{4}$

③ → $2x+2yy'=0$

$y'=-\dfrac{x}{y}$

$y'=-\dfrac{\frac{1}{3}}{\frac{2\sqrt{2}}{3}}=-\dfrac{1}{2\sqrt{2}}$

8장 미적분 심화 2 - 삼각함수

미적분

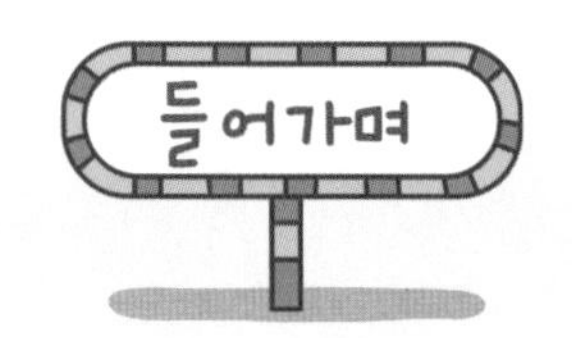

삼각함수는 진동(파동)을 다루는 수학 분야이다. 세상의 본질이 진동이다. 소리가 그렇고 빛이 그러하다. 따라서 삼각함수는 수학은 물론 물리학이나 공학 분야에서 매우 많이 쓰인다.

학교 수학은 물리학이나 공학과의 연계가 거의 파괴되어 있다. 대표적인 것이 삼각함수이다. 본 교재의 분량상 물리나 공학과 연관된 내용보다는 학교 수학에 기초하여 삼각함수를 간략히 설명한다. 자세한 것은 다음을 기약한다.

01 닮음에서 삼각비

야자나무가 있다. 높이가 높다면 물리적으로 잴 수 없다. 이 때 야자나무의 높이를 재는 대신 a, b를 잴 수 있다.

a가 10도, b가 30m라면

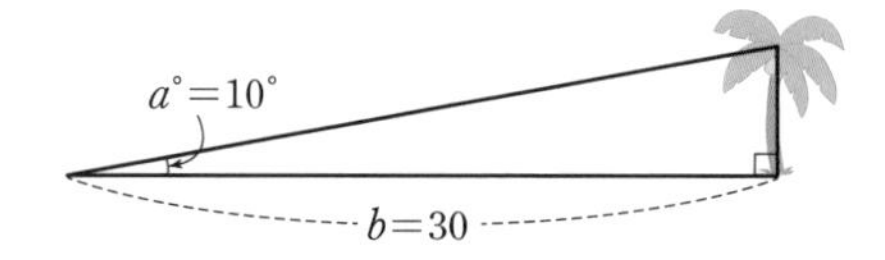

종이 위에 각도가 10°인 삼각형을 그린 후

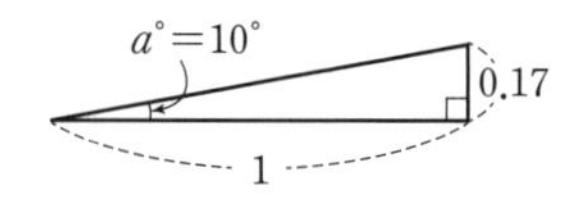

$30 : x=1 : 0.17$

$1\times x=30\times 0.17$

$x=30\times\dfrac{0.17}{1}=5.1$로 구할 수 있다.

이때 각도 10도가 주어질 때 $\frac{x}{30}=\frac{0.17}{1}$ 은 항상 일정하다.

이를 표로 미리 조사하여 계산에 활용할 수 있다. 이를 삼각비라고 한다.

일반적으로

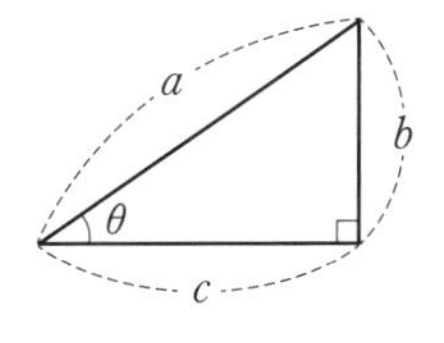

$$\sin\theta=\frac{b}{a}$$

$$\cos\theta=\frac{c}{a}$$

$\tan\theta=\frac{b}{c}$이고

$\sin 30°=\frac{1}{2}$	$\sin 45°=\frac{1}{\sqrt{2}}$	$\sin 60°=\frac{\sqrt{3}}{2}$
$\cos 30°=\frac{\sqrt{3}}{2}$	$\cos 45°=\frac{1}{\sqrt{2}}$	$\cos 60°=\frac{1}{2}$
$\tan 30°=\frac{1}{\sqrt{3}}$	$\tan 45°=\frac{1}{1}$	$\tan 60°=\frac{\sqrt{3}}{1}$

이다.

02 닮음에서 삼각비

삼각비는 직각 삼각형에 대한 변과 변의 사이의 비를 의미한다. 수학자들은 삼각비를 이용해 삼각함수를 만들었다. 삼각함수는 주기적으로 운동하는 현상을 설명하는 수학적 도구이다. 운동의 주기성을 설명하기 위해서는 원이 적당하다. 따라서 삼각함수를 정의하기 위해 원을 사용한다. 삼각함수라는 이름이 붙어 있지만 본질적으로 원을 사용한다고 보면 된다.

함수에서 보통 독립변수는 x축으로 움직이지만 삼각함수에서는 원 둘레를 움직인다. $(r, 0)$에서 독립변수 x가 θ도 만큼 갔다고 하자. 이에 따라 많은 것이 변화한다.

이 중 $\frac{y}{r}$을 $\sin\theta$, $\frac{x}{r}$를 $\cos\theta$, $\frac{y}{x}$를 $\tan\theta$라고 정의한다.

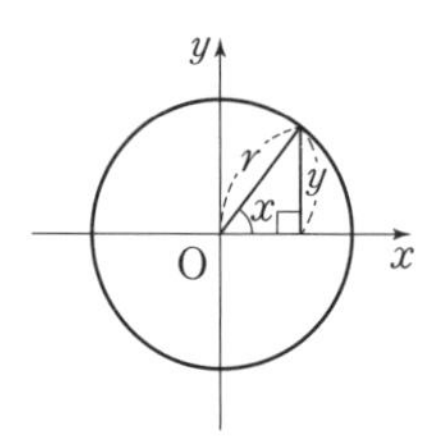

이렇게 정의한 이유는 삼각함수가 삼각비에서 출발했기 때문이다. 삼각비를 이용해 삼각함수를 만들었기 때문에 일단은 삼각비에서 관철되었던 원칙이 작동해야 하기 때문이다. 즉 삼각비에서 $\sin 30°=1/2$이기 때문에 삼각함수에서도 $\sin 30°=1/2$라야 한다. 이는 원에서 y/r에 해당한다. 이렇게 하는 이유는 $\sin 120°$, $\sin 390°$같은 것을 만들어 내기 위함이다.

$\sin 120°=\frac{\sqrt{3}}{2}$이고 $\sin 390°=\frac{1}{2}$이다.

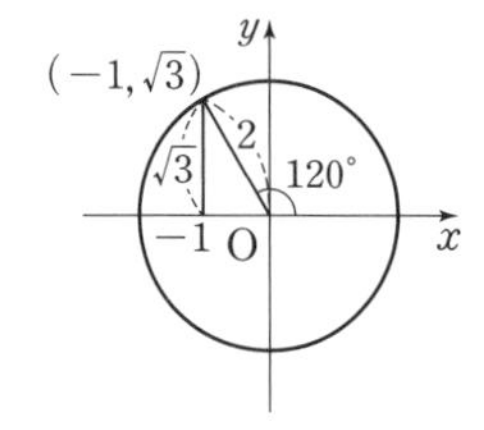

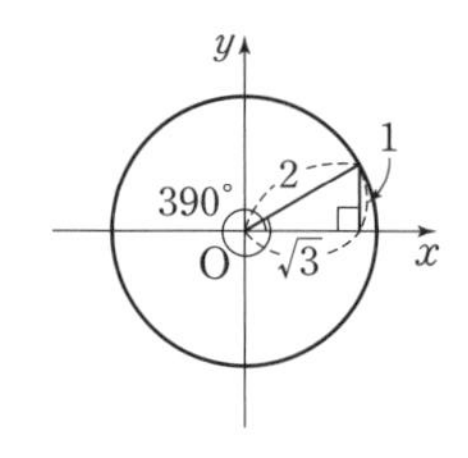

03

우리는 함수를 시각화할 때 보통 $x-y$ 직교 좌표계를 쓴다. 이 때 독립변수 x는 x축의 양의 방향으로 움직인다. 이미 너무나 많은 것들을 그렇게 했다. 따라서 원 둘레를 움직이는 독립변수 x를 x축의 양의 방향으로 바꿔 지금까지 해왔던 많은 것들과 함께 쓰고 싶다. 이럴 경우 $y=\sin x$의 그래프는 그림과 같다.

편의상 반지름이 1인 원을 생각하자. $x=0°$일 때 $y=\sin 0°=0/1=0$이다. 반지름이 1임으로 $\sin x$ 값은 y좌표와 같다. 따라서 $y=\sin x$의 그래프는 아래와 같다.

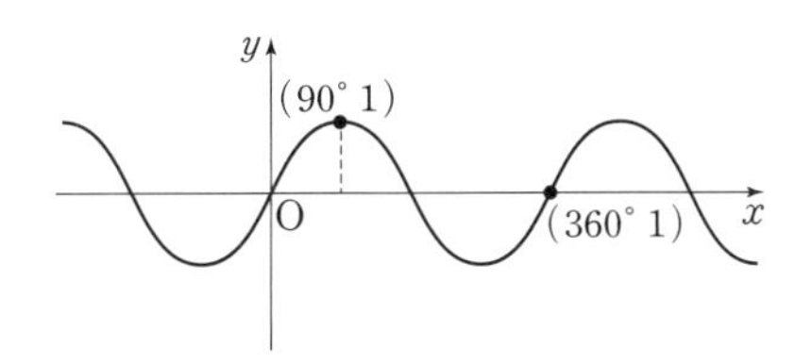

04

인류는 아무 것도 없는 상태에서 수학을 한 것이 아니다. 우리가 5, 10개씩 묶어 세는 것은 손가락이 5, 10개이기 때문이다. 비슷한 것이 각도이다. 수평선을 180°로 두는 이유는 지구의 공전 주기가 대체로 360(365일)이었기 때문인 것으로 추정된다.

시간이 지나면서 10진법으로 통일되었지만 각도나 시간을 잴 때는 60진법을 사용한다. 구체적으로 1시간의 1/2은 50분이 아니라 30분이다. 60분법이 각도에서 중요한 이유는 정삼각형 때문이다. 만약 10진법을 쓴다면 정삼각형의 한 각의 크기는 3.3…° 이다. 60진법을 쓰기 때문에 정삼각형의 한 각이 60°가 되는 것이다.

그런데 삼각함수로 발전하는 과정에서 문제가 생겼다. 위에서 말한 바와 같이 삼각함수를 다항함수나 지수함수와 함께 결합하여 사용하려면 x축이 실수가 되어야 한다. 이를 위해 새로운 각도 체계를 만들었다. 이를 호도법이라 한다.

반지름 r인 원에서 원둘레를 r 만큼 갔을 때 각도는 하나로 결정된다. 이를 단위 1로 정하는 것이다.(단위는 라디안이다)

원주에서 r만큼 갔을 때 $1(radian)$이므로 $2\pi r$(원의 둘레)만큼 갔을때의 각도는 $2\pi(radian)$이나 이를 60분법과 비교하면 $2\pi=360$도이다.

이렇게 되면 $y=x^2$와 $y=\sin x$를 하나의 그래프에 그릴 수 있다.

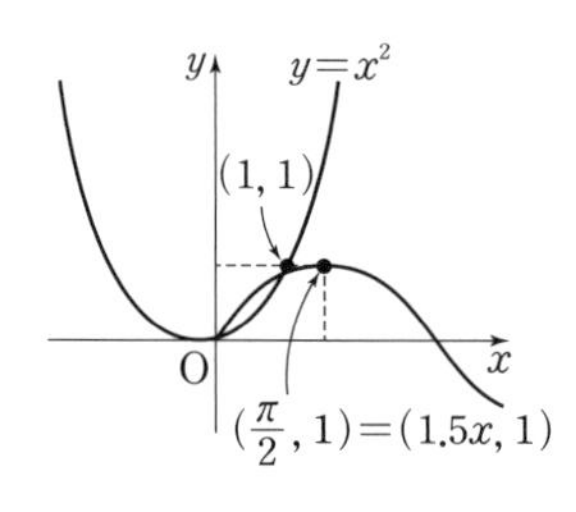

05

이상을 종합하여 다음을 연습해 보자.

$\sin\frac{2}{3}\pi$는 무엇인가?

$\frac{2}{3}\pi$를 60분법으로 고치면 120°이다. 120°만큼 가서 적절히 반지름이 2인 원을 생각하면 좌표값을 얻는다.

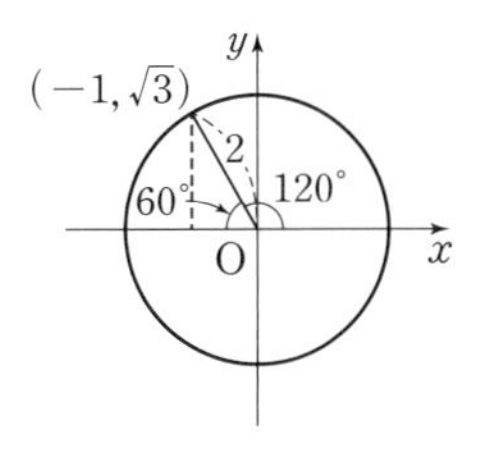

$\sin x$는 $\frac{y}{r}$이므로 $\sin\frac{2}{3}\pi=\frac{\sqrt{3}}{2}$이다.

예 $\sin\frac{5}{3}\pi=\sin 300°=\frac{-\sqrt{3}}{2}$

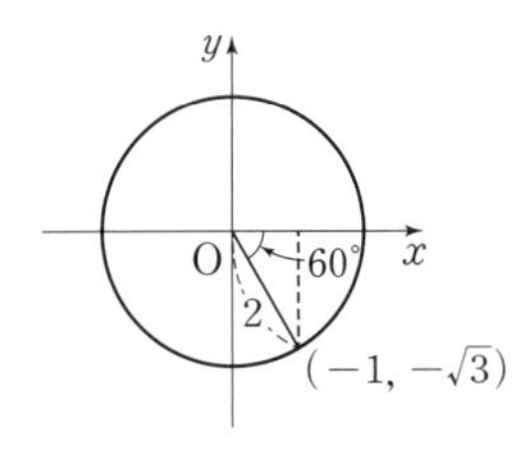

$\cos\frac{5}{6}\pi=\cos 150°=\frac{-\sqrt{3}}{2}$

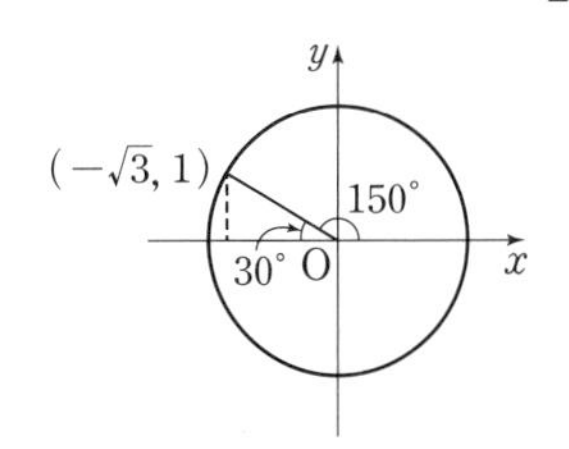

연습문제 8

01 다음 값을 구하시오.

① $\sin\frac{\pi}{2}$

② $\sin\pi$

③ $\sin\frac{5}{3}\pi$

④ $\cos\frac{\pi}{3}$

① → 1

② → 0

③ → $\frac{-\sqrt{3}}{2}$

④ → $\frac{1}{2}$

⑤ $\cos\pi$

⑤ $\rightarrow -1$

⑥ $\cos\frac{3}{4}\pi$

⑥ $\rightarrow -\frac{1}{\sqrt{2}}$

⑦ $\tan\frac{\pi}{4}$

⑦ $\rightarrow 1$

01 다음 문제를 풀어라.

① $-3-(-1)$

② $-2-1$

③ $1-3$

④ $3\times(-1)$

⑤ $(-1)\times 4$

⑥ $(-1)\times(-3)$

① -2

② -3

③ -2

④ -3

⑤ -4

⑥ 3

02 다음 문제를 풀어라.

① $5-(-3)$

② $-2-5$

③ $6\times(-3)$

④ $(-2)\times(-5)$

⑤ $-2x+3x$

⑥ $3x+(-x)$

① 8

② -7

③ -18

④ 10

⑤ x

⑥ $2x$

03 다음 문제를 풀어라.

① $4x-2x$

② $-2x-5x$

③ $(-x)\times(-x)$

④ $3x\times(-2x)$

⑤ $x(x-3)$

⑥ $-x(x-2)$

① $2x$

② $-7x$

③ x^2

④ $-6x^2$

⑤ x^2-3x

⑥ $-x^2+2x$

04 다음 문제를 풀어라.

① $(x+1)(x+3)$

② $(x-1)(x+3)$

③ $(x+3)(x-2)$

④ $(x+1)(2x-1)$

⑤ $y=-x+1$

① x^2+4x+3

② x^2+2x-3

③ x^2+x-6

④ $2x^2+x-1$

⑤

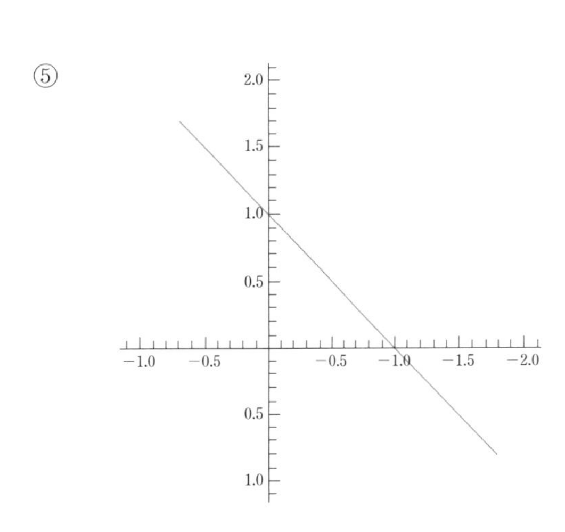

05 다음 문제를 풀어라.

① $y=x-2$

② $y=2x+2$

③ $y=-2x+2$

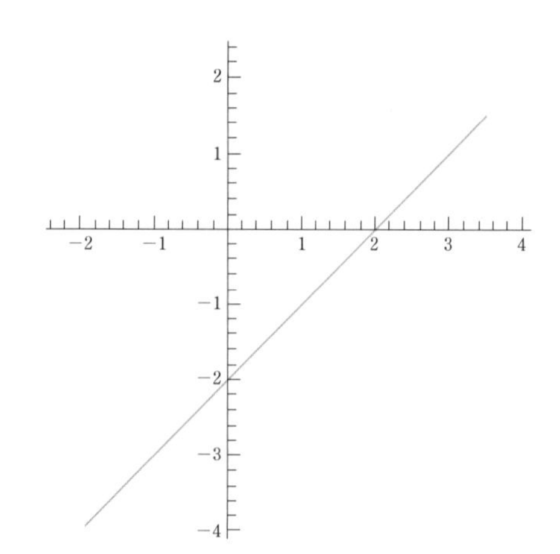

②

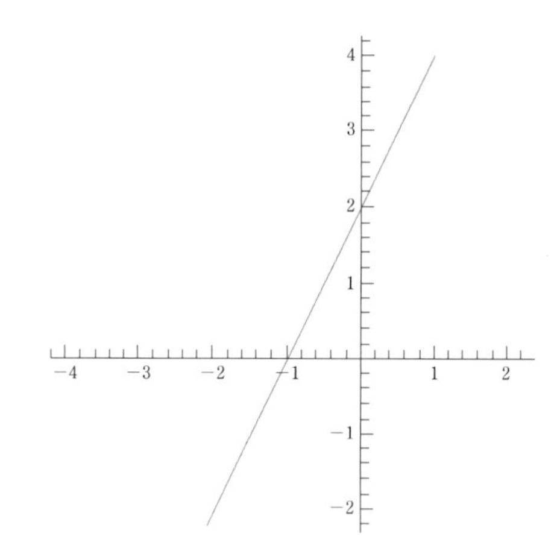

③

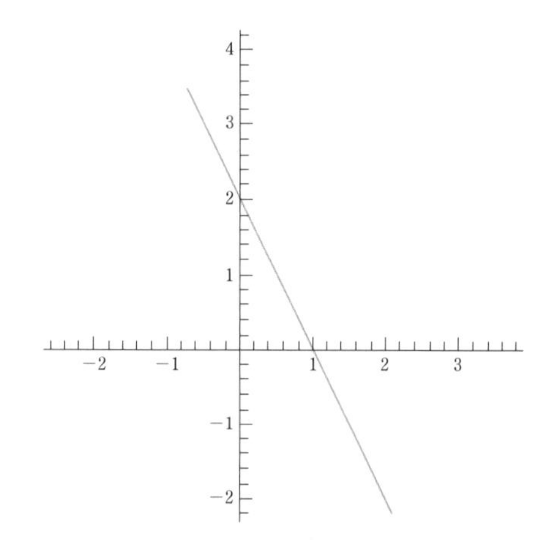

06 다음 문제를 풀어라.

① $y=-x-2$

① 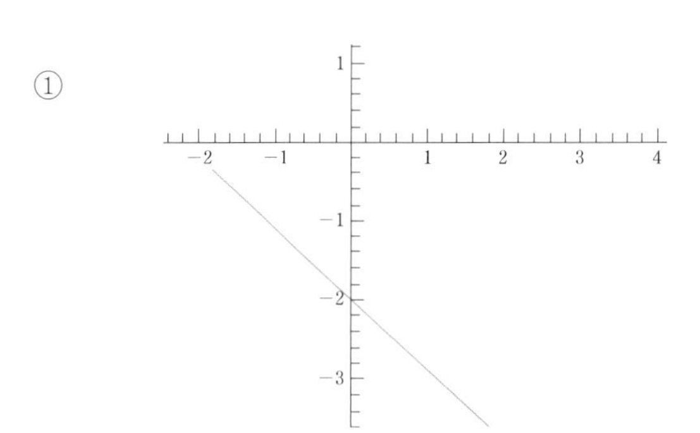

② $y=3x-3$

② 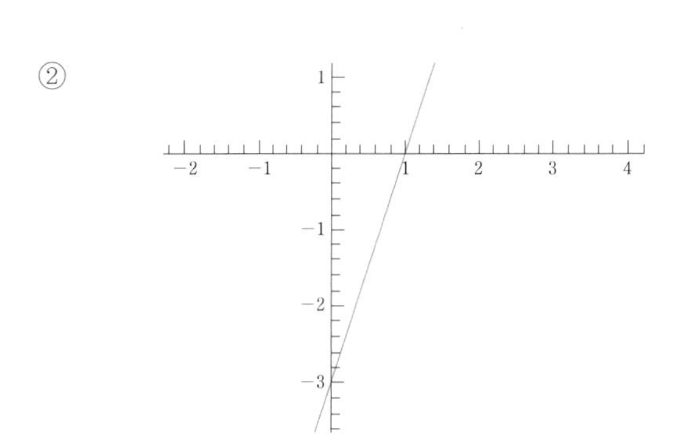

③ $y=-2x+2$와 x축, y축으로 둘러싸인 넓이는?

③ 1

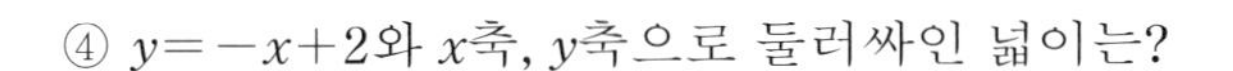
④ $y=-x+2$와 x축, y축으로 둘러싸인 넓이는?

④ 2

⑤ $y=2x-2$와 x축, y축으로 둘러싸인 넓이는?

⑤ 1

01 다음 문제를 풀어라.

① $\frac{1}{8} \times 2^4$

② $\frac{1}{2} \times 4^2$

③ $(\frac{1}{2})^2 \times 8$

④ $2^{\frac{1}{2}} \times 2^{\frac{3}{2}}$

⑤ $2^{-\frac{1}{3}} \times 2^{\frac{4}{3}}$

⑥ $9^{\frac{1}{2}} \times 3$

① 2

② 8

③ 2

④ 4

⑤ 2

⑥ 9

02 다음 문제를 풀어라.

① $9^{\frac{3}{2}} \times 27^{-\frac{1}{3}}$

② $8^{\frac{2}{3}} \times 5$

③ $25^{\frac{1}{2}} \times 5^{-1}$

④ $3^{\frac{1}{3}} \times 3^{\frac{8}{3}}$

⑤ $2^{-\frac{1}{2}} \times 2^{\frac{3}{2}}$

⑥ $4^{-\frac{1}{2}} \times 8$

① 9

② 20

③ 1

④ 27

⑤ 2

⑥ 4

03 다음 문제를 풀어라.

① $8^{-\frac{1}{3}} \times 4$

② $27^{-\frac{2}{3}} \times 3^3$

③ $\log_2 8$

④ $\log_4 8$

⑤ $\log_8 \frac{1}{2}$

⑥ $\log_{\frac{1}{2}} 4$

① 2

② 3

③ 3

④ $\frac{3}{2}$

⑤ $-\frac{1}{3}$

⑥ -2

04 다음 문제를 풀어라.

① $\log_4 \sqrt{2}$

② $\log_{\sqrt{2}} 2$

③ $\log_{10} 2 + \log_{10} 5$

④ $\log_{10} \frac{1}{2} + \log_{10} \frac{1}{5}$

⑤ $\log_{10} 4 + \log_{10} 25$

① $\frac{1}{4}$

② 2

③ 1

④ -1

⑤ 2

05 다음 문제를 풀어라.

① $\log_{10}\frac{1}{2}+\log_{10}\frac{1}{50}$

② $\log_3 2+\log_3\frac{3}{2}$

③ $\log_2 5+\log_2\frac{2}{5}$

④ $\log_5 5+\log_5\frac{1}{5}$

⑤ $\log_{10}\frac{1}{3}+\log_{10}30$

① -2

② 1

③ 1

④ 0

⑤ 1

06 다음 문제를 풀어라.

① $\sqrt{18}$

② $\sqrt{50}$

③ $2\sqrt{2}+3\sqrt{2}$

④ $\sqrt{8}+\sqrt{50}$

① $3\sqrt{2}$

② $5\sqrt{2}$

③ $5\sqrt{2}$

④ $7\sqrt{2}$

07 다음 문제를 풀어라.

① $(3\sqrt{2})^2$

② $(\sqrt{2}+1)^2$

③ $(2+\sqrt{5})^2$

④ $(\sqrt{2}+1)(\sqrt{2}-1)$

① 18

② $3+2\sqrt{2}$

③ $9+4\sqrt{5}$

④ 1

08 다음 문제를 풀어라.

① $(2+\sqrt{3})(2-\sqrt{3})$

① 1

② $(3\sqrt{2}+4)(3\sqrt{2}-4)$

② 2

③ $\dfrac{4}{\sqrt{2}}$

③ $2\sqrt{2}$

④ $\dfrac{9}{\sqrt{3}}$

④ $3\sqrt{3}$

01 다음 문제를 풀어라.

① $2^x = \frac{1}{2}$

① -1

② $2^{-x} = 2^{x+4}$

② -2

③ $(\frac{1}{2})^x = 2^{-2x+5}$

③ 5

④ $(\frac{1}{4})^x = 2^{-x+3}$

④ -3

02 다음 문제를 풀어라.

① $2^{x^2} = 2^x$

② $2^{x^2} = 2^{-x+2}$

③ $(\frac{1}{4})^{x^2} = 2^{2x}$

④ $(\sqrt{2})^x = 2$

① 0, 1

② -2, 1

③ $x = 0, -1$

④ $x = 2$

03 다음 문제를 풀어라.

① $(2\sqrt{2})^x = 2$

① $x = \frac{2}{3}$

② $(\frac{1}{8})^x = (\sqrt{2})^{x+1}$

② $-\frac{1}{7}$

③ $\log_9(2x+1) = 1$

③ 4

④ $\log_2 x = 1 + \log_2(x-6)$

④ 12

04 다음 문제를 풀어라.

① $\log_3(x+1)+\log_3(x-5)$

② $9^x-8\times3^x-9=0$

③ $\log_3(x-4)=\log_9(5x+4)$

④ $4^x-2^{x+1}-8=0$

① 3

② 2

③ 12

④ 2

01 다음 문제를 풀어라.

① $y=-2x-4$의 x축 절편

① $(-2, 0)$

② $y=x^2-1$의 x축 절편

② $(-1, 0)$, $(1, 0)$

③ $y=-x^2+4$의 x축 절편

③ $(-2, 0)$, $(2, 0)$

④ $y=x^2-2x-1$의 x축 절편

④ $(1-\sqrt{2}, 0)$, $(1+\sqrt{2}, 0)$

⑤ $y=-x^2-x+6$의 x축 절편

⑤ $(-3, 0)$, $(2, 0)$

⑥ $y=\sqrt{x+1}$ 의 y축 절편

⑥ $(0, 1)$

02 다음 문제를 풀어라.

① $y=-\sqrt{x+1}$ 의 y축 절편

② $y=\sqrt{x}-1$ 의 y축 절편

③ $y=\sqrt{-x+1}$ 의 y축 절편

④ $y=\frac{1}{x-1}$ 의 y축 절편

⑤ $y=-\frac{1}{x+1}$ 의 y축 절편

① $(0,\ -1)$

② $(0,\ -1)$

③ $(0,\ 1)$

④ $(0,\ -1)$

⑤ $(0,\ -1)$

03 다음 문제를 풀어라.

① $y=2^x-2$의 y축 절편

① $(0, -1)$

② $y=-2^x+2$의 y축 절편

② $(0, 1)$

③ $x^2+y^2=4$의 반지름의 길이는?

③ 2

④ $x^2+y^2=8$의 반지름의 길이는?

④ $2\sqrt{2}$

⑤ $x^2-2x+y^2=0$의 중심의 좌표는?

⑤ $(1, 0)$

04 다음 문제를 풀어라.

① $y=|x|-1$과 x축과, y축으로 둘러싸인 넓이는?

② $y=-|x|+1$과 x축과, y축으로 둘러싸인 넓이는?

③ $y=\log_2 x$ 위에 $(4,\ t)$가 있을 때 t는?

④ $y=\log_2 x$ 위에 $(t,\ -3)$가 있을 때 t는?

⑤ $y=\log_{\frac{1}{2}} x$ 위에 $(4,\ t)$가 있을 때 t는?

① 1

② 1

③ 2

④ $\frac{1}{8}$

⑤ -2

01 다음 문제를 풀어라.

① $y=x^2+2x+2$의 최소값

② $y=2x^2-4x+3$

③ $y=-x^2+2x+3$

④ $y=x^3-3x+2$의 극대값, 극소값은?

⑤ $y=x^3-3x^2+1$의 극대값, 극소값은?

① 1

② 1

③ 4

④ 극대$(-1, 4)$, 극소$(1, 0)$

⑤ 극대$(0, 1)$, 극소$(2, -3)$

02 다음 문제를 풀어라.

① $y=x^2-2x+p$의 최소값이 2일 때 p는?

① 3

② $y=x^3-3x+p$의 극대값이 3일 때 p는?

② 1

③ $y=x^2$위의 점(1, 1)에서의 접선의 방정식과 x축, y축으로 둘러싸인 넓이는?

③ $\frac{1}{4}$

④ $f(x)=2x^3-12x^2+ax-4$가 $x=2$에서 극대값 p를 가질 때, a와 p는?

④ $a=24$, $p=12$

⑤ $f(x)=x^3-x^2-5x+k$의 극대값이 15일 때 k는?

⑤ 12

03 다음 문제를 풀어라.

① $y=x^2+1$위의 점(1, 2)에서의 접선의 방정식은?

① $y=2x$

② $y=x^3-3x+a$의 극대값이 7일 때, a는?

② 5

③ $f(x)=ax^2+bx+1$에서
$f(2)=1$, $f'(-1)=-8$일 때 a와 b는?

③ $a=2$, $b=-4$

④ $x^3-3x^2-9x-k=0$의 서로 다른 실근의 개수가 3이 되도록 하는 k의 범위는?

④ $-27<k<5$

⑤ $y=x^3-ax+6$이 $x=1$에서 극소일 때 a는?

⑤ 3

04 다음 문제를 풀어라.

① $y=2x^3+ax^{2+}bx+c$가 $x=1$에서 극소값 4, $x=0$에서 극대값을 가질 때, a, b, c는?

② $[0, 3]$에서 $y=x^2-x-2$의 최대 최소값은?

③ $y=x^4+4x^3$의 극소값은?

④ $y=-2x^3+9x^2-12x$의 극대값은?

⑤ $x^4-4x^2+2=0$의 서로 다른 실근의 개수는?

① $a=-3$, $b=0$, $c=5$

② 최소값 $-\frac{9}{4}$, 최대값 4

③ -27

④ -4

⑤ 4개

6장 종합문제 적분

01 다음을 적분하시오.

① $\int (x^2+1)dx$

② $\int (2x^2+x+3)dx$

③ $\int_0^1 (x^3)dx$

④ $\int_0^2 (2x+1)dx$

① $\frac{1}{3}x^3+x+c$

② $\frac{2}{3}x^3+\frac{1}{2}x^2+3x+c$

③ $\frac{1}{4}$

④ 6

02 다음 넓이를 구하시오.

①

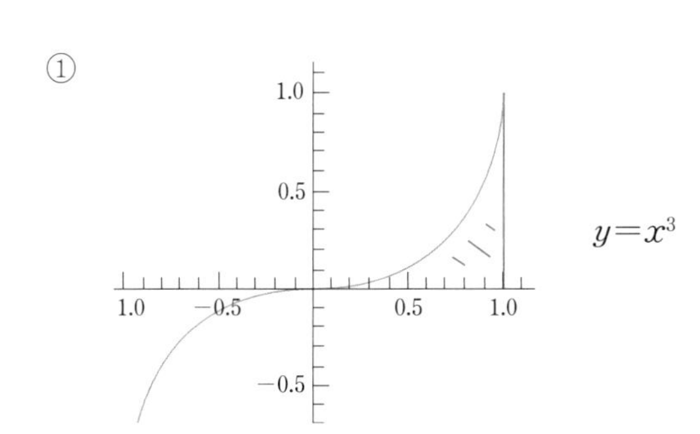

②

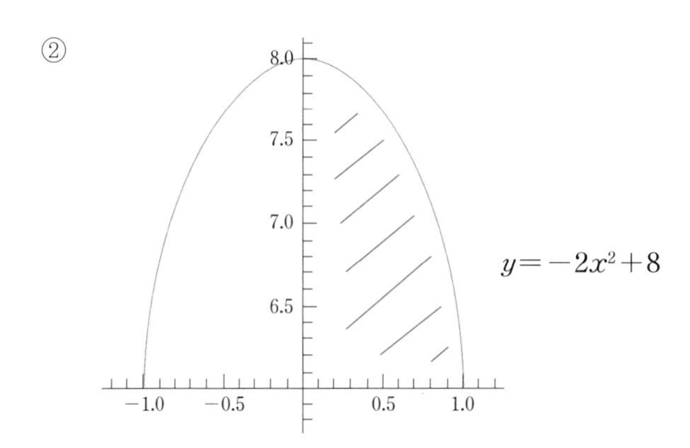

③

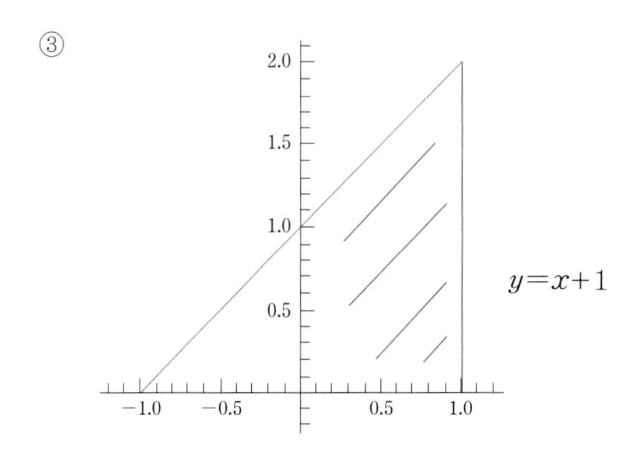

④

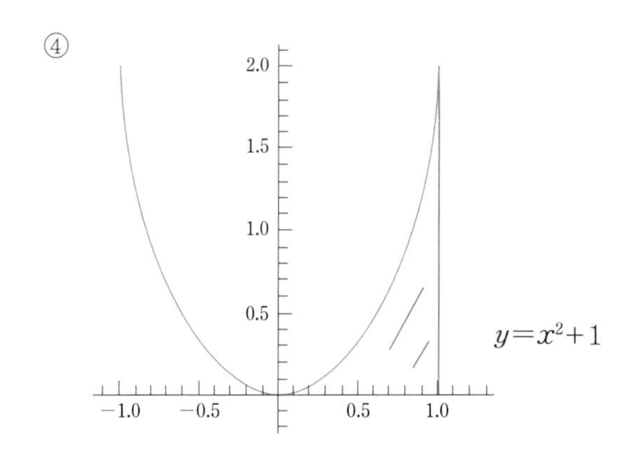

① $\frac{1}{4}$

② $\frac{32}{3}$

③ $\frac{3}{2}$

④ $\frac{4}{3}$

03 다음 문제를 풀어라.

① $\int_0^p (3x^2-2)dx=0$

① $p=0,\ \pm\sqrt{2}$

② $\int_0^p (2x+1)dx=0$

② $p=0,\ -1$

③ $f(x)=6x^2+2ax$, $\int_0^1 f(x)dx=f(1)$일 때 a는?

③ -4

04 다음 문제를 풀어라.

① $f'(x)=6x^2-2x+5$

② $y=f(x)$위의 점 $(x,\ y)$에서의 접선의 기울기가 $3x^2-6x$이고 $f(x)$의 극소값이 5일 때, 극대값은?

① $2x^3-x^2+5x+2$

② 9

01 다음 문제를 풀어라.

① $y=\sqrt{x}$ 위의 점 (9, 3)에서의 접선의 방정식은?

① $\frac{1}{6}$

② $y=-\sqrt{x}$ 위의 점 (4, -2)에서의 접선의 방정식은?

② $-\frac{1}{4}$

③ $y=\frac{1}{x}$ 위의 점 (-1, 1)에서의 접선의 방정식은?

③ -1

02 다음 문제를 풀어라.

④ $y=\frac{2}{x}$ 위의 점 (1, 2)에서의 기울기는?

④ -2

① $x^2+y^2=1$ 위의 점 $(\frac{1}{2}, -\frac{\sqrt{3}}{2})$에서의 기울기는?

① 9

② $y=e^x$ 위의 점 $(-1, \frac{1}{e})$에서의 기울기는?

② $\frac{1}{e}$

③ $y=-lnx$ 위의 점 $(e, -1)$에서의 기울기는?

③ $-\frac{1}{e}$

03 빗금친 부분의 넓이는?

①

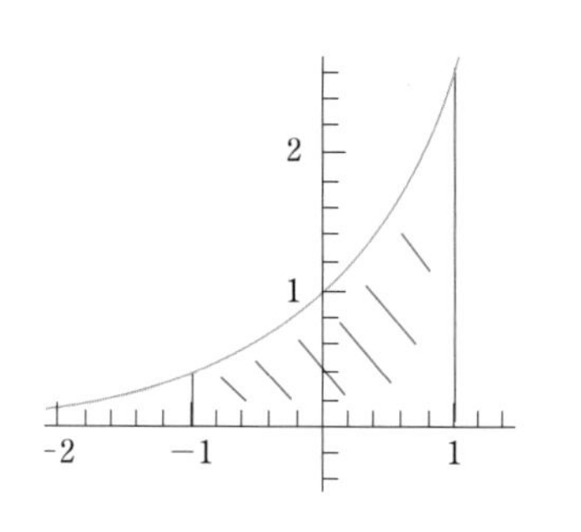

$y=e^{x}$

① $e-e^{-1}$

②

$y=\sqrt{x}$

② $\frac{16}{3}$

04 다음 문제를 풀어라.

①

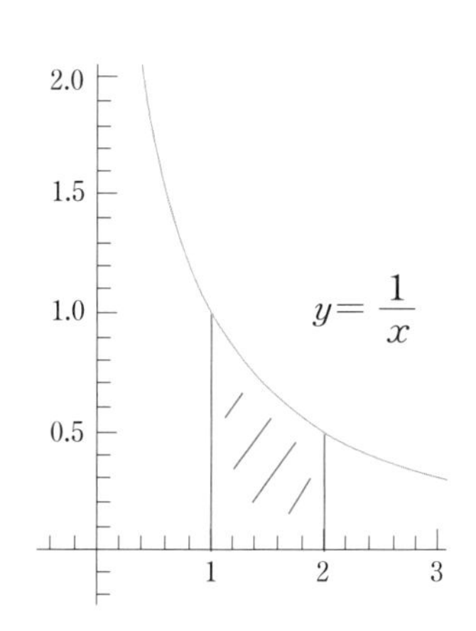

① $in2$

01 다음 문제를 풀어라.

① x, y는?

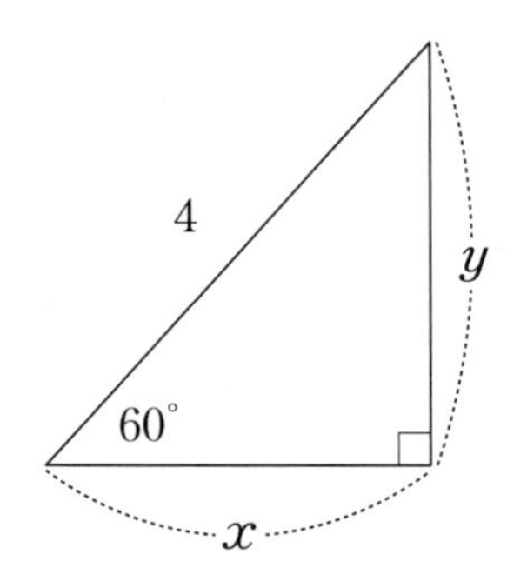

② x, y는?

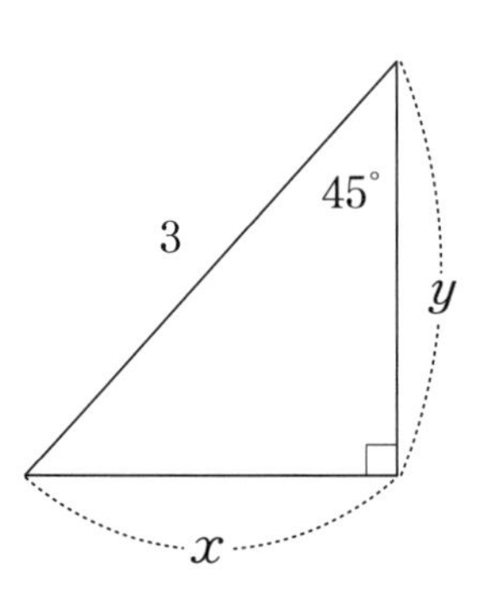

③ x, y는?

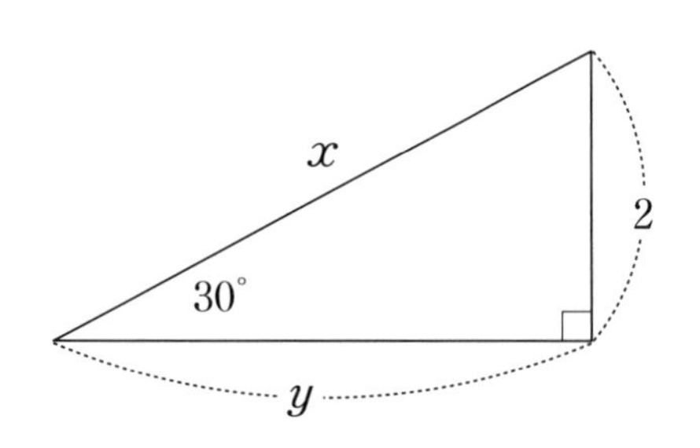

① $x=2$, $y=2\sqrt{3}$

② $x=\frac{3\sqrt{2}}{2}$, $y=\frac{3\sqrt{2}}{2}$

③ $x=4$, $y=2\sqrt{3}$

02 다음 문제를 풀어라.

① 넓이는?

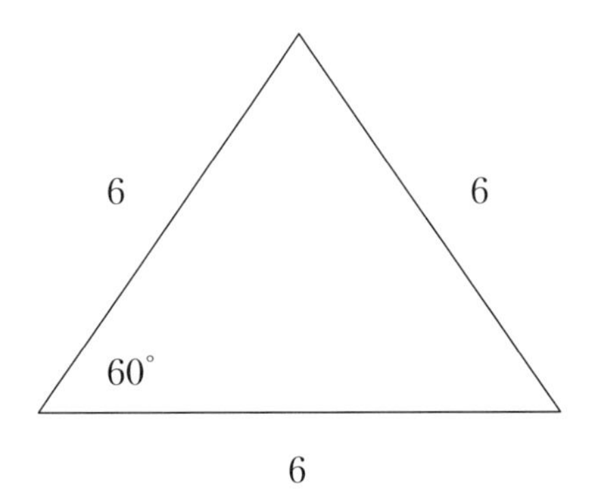

② 넓이는?

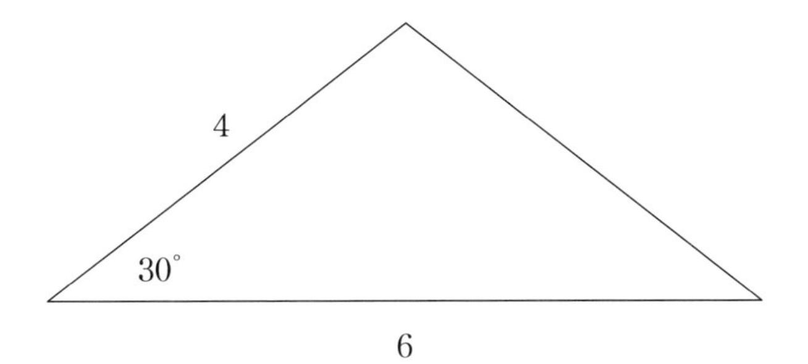

③ 넓이는?

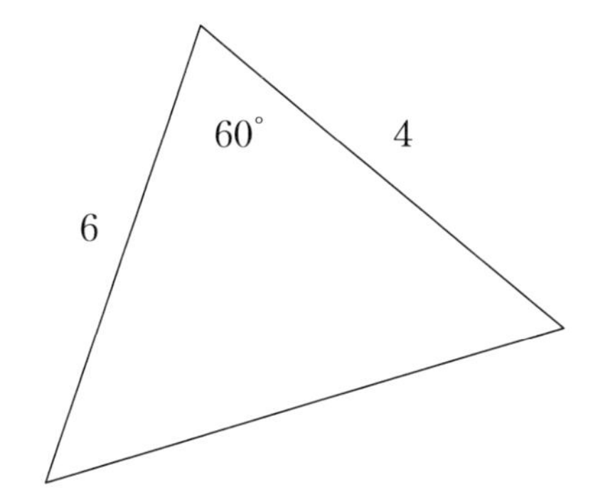

① $9\sqrt{3}$

② 6

③ $6\sqrt{3}$

03 빗금친 부분의 넓이는?

① $\sin\theta = \frac{1}{3}$ 일 때, $\cos\theta$, $\tan\theta$ $(\frac{\pi}{2} < \theta < \pi)$

② $\cos\theta = \frac{1}{2}$ $(\frac{3}{2}\pi < \theta < 2\pi)$ $\sin\theta$, $\tan\theta$

① $\cos\theta = -\frac{2}{3}\sqrt{2}$, $\tan\theta = -\frac{1}{2\sqrt{2}}$

② $\sin\theta = -\frac{\sqrt{3}}{2}$, $\tan\theta = -\sqrt{3}$

04 다음 문제를 풀어라.

① $\tan\theta = -1\left(\frac{\pi}{2} < \theta < \pi\right)$ $\sin\theta$, $\cos\theta$

② $\sin\theta = \frac{1}{3}$ 일 때, $\left(\pi < \theta < \frac{3}{2}\pi\right)$ $\cos\theta$, $\tan\theta$

① $\sin\theta = \frac{1}{\sqrt{2}}$, $\cos\theta = -\frac{1}{\sqrt{2}}$

② $\cos\theta = -\frac{2\sqrt{2}}{3}$, $\tan\theta = \frac{1}{2\sqrt{2}}$